张微 徐博 编著

建筑美术素描

清华大学出版社
北京

内容简介

近年来，随着我国建筑行业的蓬勃发展，建筑专业人才有了大量的就业机会和发展空间。很多综合性大学都开办了建筑学专业，以适应社会对于建筑设计人才的需求。综合性大学建筑学专业的学生都有理工科的学科背景，但缺乏绘画基础，而建筑设计是以视觉语言直观地表达理念，这就要求学生在200学时左右的额定教学时间内掌握绘画基础，表现建筑设计理念。

本书依据教学实际需求，以建筑设计人才培养目标为导向，以素描艺术本质为核心展开论述，力求达到全面培养学生绘画技法、空间思维、审美素养的教学效果。本书内容以素描绘画方式的学习为基础，以建筑设计表现为目标，逻辑关系紧密，循序渐进引导学生掌握素描绘画技能，表现创作意图。本书是提升建筑设计素养的实用之选。

图书在版编目(CIP)数据

建筑美术. 素描 / 张微，徐博　编著. —北京：清华大学出版社，2016（2023.2 重印）
ISBN 978-7-302-45490-8

Ⅰ. ①建…　Ⅱ. ①张… ②徐…　Ⅲ. ①建筑艺术—素描技法—教材　Ⅳ. ①TU-8

中国版本图书馆 CIP 数据核字(2016)第 275222 号

责任编辑： 施　猛　王旭阳
封面设计： 常雪影
版式设计： 方加青
责任校对： 牛艳敏
责任印制： 杨　艳

出版发行： 清华大学出版社
网　址：http://www.tup.com.cn，http://www.wqbook.com
地　址：北京清华大学学研大厦 A 座　　邮　编：100084
社 总 机：010-83470000　　邮　购：010-62786544
投稿与读者服务：010-62776969，c-service@tup.tsinghua.edu.cn
质 量 反 馈：010-62772015，zhiliang@tup.tsinghua.edu.cn
印 装 者： 三河市龙大印装有限公司
经　销： 全国新华书店
开　本： 185mm×260mm　　**印　张：** 6.75　　**字　数：** 125 千字
版　次： 2016 年 11 月第 1 版　　**印　次：** 2023 年 2 月第 6 次印刷
定　价： 39.00 元

产品编号：072190-02

前　言

建筑是历史和时代文明的象征，因民族、地域、文化及历史进程等方面的差异，而呈现迥然不同的样式风格和审美特征。埃及的金字塔、雅典的卫城、中世纪的哥特式教堂、中国的宫殿庙宇、近代的抽象建筑等都强烈地体现建筑艺术的民族性和时代性，同时也表达了设计师个人的审美理念和理想追求。建筑学专业就是为社会和时代培养建筑设计师的专业。

建筑学是一门横跨工程技术和人文艺术的交叉学科，狭义上是指学习建筑设计与建造，广义上是指研究建筑及其空间环境。从大的范畴来讲，建筑学与室内设计、装潢设计、服装设计、绘画、雕塑等学科都可以归纳为视觉传达艺术。它的具体含义，就是设计师或艺术家把创作思想、设计理念，运用视觉符号落实在媒介上，传达给观赏者。传统媒介是指设计图纸、绘画纸面及画布；现代媒介则拓展为电子视频资料。因此，掌握并恰当运用视觉符号语言是该学科的基础。

沈阳工业大学建筑学专业从2002年开始招生至今已有十余年，五百余名毕业生通过所学的专业知识，或在建筑设计院所工作，或继续深造读书，在社会中良性发展。与此同时，我们专业依据毕业生用人单位反馈和社会对于建筑类人才的需求不断调整教学结构，进行多方位的教学实践改革。

美术类课程在建筑学专业中属于专业基础课，覆盖两个学年，一年级学生学习素描，二年级学生学习色彩。其中需要掌握的素描、色彩知识旨在培养学生基础的造型视觉传达能力，以及对于建筑相关题材的表现与创作能力。通过美术类课程的系统学习，学生可以更好地运用视觉语言表达设计思维与理念，并且通过观察能力与感受能力的培养，可以潜移默化培养、提高学生的审美意识。

近些年，我校建筑美术的素描课所选订的教材有两类：一类是纯艺术类的素描教材；另一类是其他建筑院校出版的建筑美术系列教材。两类教材有各自的优点，也有其局限性。纯艺术类教材全面地提高了学生的审美素养和艺术表现力，但在针对建筑的题材上涉猎有限；建筑学类教材在学时上与我校专业设置不符，在学生培养方向上也有一定差异。所以，切实可行的教材是支撑教学实践及改革的基本条件。经过十余年教学实践，编者深感编写一本从本专业教学需要出发的教材十分迫切。

《建筑美术——素描》针对理工科院校建筑学专业学生相对薄弱的美术基础，进行了精心的教学方案设计。一整年的素描课在课程结构上分为三部分：第一部分是以基础造型能力培养为核心的写生；第二部分是以建筑、景观为题材，融入创作理念的写生；第三部分则是与建筑设计课相结合，运用单色造型语言较深入地表现建筑效果图。这三部分由浅入深、由易及难地夯实学生的基础造型能力，提高学生的建筑表现能力，进而与专业课程有机结合来辅助培养学生的建筑设计能力，各部分紧密衔接，旨在以循序渐进的方式达到良好的教学效果。

《建筑美术——素描》的基本结构框架源自近几年我校建筑学基础课的教学大纲，书中的具体内容大部分是素描课的教学方案及备课内容。本书的适用对象为美术零基础起点的理工科院校建筑学专业学生。本书编写的核心，是使美术基础教学与专业设计教学的理念、系统、需求保持同步，在教学过程中有机配合，从以表现自然变化规律为主的造型练习开始，逐渐过渡到以建筑、景观、空间环境为题材的专项训练，最终目的是培养学生掌握、运用艺术规律进行创作表现的能力。

素描从简单的工具材料上看，似乎是一门枯燥的学科。可是，如果能够得心应手地运用素描语言来表达视觉形象与创作理念，素描则是最直接且具有丰富延展性的表现方式。建筑学专业的素描课程需要掌握写实和写意两个方向，写实是指学生能够准确地表现看到的视觉形象，要真实、客观；写意是指学生能够把构思的建筑及相关空间形象地表现出来，有明确的空间层次、核心的风格氛围。

书中作品绝大部分是我校建筑学专业学生历年的课堂素描习作，以教材的形式集结成册也算是对专业教学成果的一个展现。

编者

目 录

第1章

素描的本质理解

1.1 素描的概念、分类与本质

1.1.1 素描的概念

素描从字面上理解就是朴素的描绘，具体到绘画中指的是用单色表现物体造型关系的艺术，生活中最常见的是铅笔素描作品。

素描所表现的物体造型关系，包括刻画对象的形体特征、结构关系、明暗光影、空间体积、材料质感等可见因素。一般意义的素描作品中，单色画面语言有铅笔、炭笔、碳条、钢笔、水墨等。

素描是一切造型艺术的基础，是视觉传达艺术类专业的基础课，主要是因为其所用工具材料简单，涉及的画面因素单纯、直接，剥离了丰富的色彩因素，有利于直观地解决作画过程中的问题。通过素描的学习，可以循序渐进提升画者的观察能力、感受能力以及画面表现能力。素描学习的过程是从描绘看到的物象，到建立画面中的构成关系，直至可以自如地运用线条、色调、构图等画面语言表达情境氛围。

针对建筑学专业的学生而言，素描学习的目的是要结合建筑相关专业知识更好地以图面语言表达设计理念。素描学习的过程是要从掌握基本造型表现规律开始，逐步拓展到画面三维空间关系的塑造，再从质感细节入手提升表现力，最后能够得心应手地表现建筑、景观、空间环境。

1.1.2 素描的分类

素描的绘画过程在视觉上表现画者与刻画对象的关系，这个关系涵盖认识形体特征、表现空间关系、表达绘画及设计的理念等诸多方面。基于这个意义上的素描作品就有了各自不同的类别，也归纳出分门别类的标准。下文将结合不同类型的作品来认识、了解素描的分类。

素描从目的和功能上，一般可分为习作性素描和创作性素描两大类。

习作性素描是所有视觉艺术表现类专业的基础课程，需要解决的问题有一定的共性，如造型能力的培养、空间体积的塑造、材料质感的体现、画面语言的认知等。

建筑学专业的素描课程历时一个学年，是以习作性素描为起点进行绘画基础练习，逐步过渡到以创作性素描来表现设计理念的过程。题材上按照几何形体、静物、建筑室内、建筑户外、自然景观这样由易到难设置，在写生中培养绘画能力，最后达到能够运用创作性素描，比如设计草图、单色建筑效果图，自如地表达建筑设计理念，如图1-1、图1-2、图1-3所示。

创作性素描是以创作底稿、设计草图的方式表现出来的画面形式。依据不同的专业有不同的表现题材与语言特点，是视觉艺术创作理念的图面表现。对于绘画创作一般会以创作性素描的形式安排构图、落实题材，对于设计类专业前期构思会以素描草图的形式呈现，针对建筑学专业，在建筑设计过程中的前期草图、后期效果图部分均可以用创作性素描的方式来表现，如图1-4、图1-5所示。

图1-1　习作性素描(静物写生，88×60cm)

图1-2　室内空间(46×36cm，隋欣)

图1-3　室外空间(53×28cm，李慧)

图1-4　创作性素描(52×38cm，余霖)

图1-5　创作性素描草图及建筑建成作品(马里奥博塔)

素描从表现题材上，分为静物、建筑、风景、动物、人像及人体素描等。建筑学专业的素描课所涉及的是静物、建筑、风景以及简单的人物速写。课程初始以包含几何形体在内的静物写生题材来锻炼基础的造型表现和画面构建的能力；课程中期以建筑室内外写生、风景写生过渡到专业领域的表现；课程后期以人物速写充实画面因素，提升建筑及景观效果图的空间尺度感。

素描从使用工具上，分为铅笔、炭笔、钢笔、毛笔、水墨、粉笔等。其中，铅笔以其经济适用、简易便携成为基础素描训练的首选。本书的作品绝大多数是铅笔素描作品，另有少部分建筑及景观效果图的画面语言应用的是钢笔(见图1-6)、马克笔、水墨。在有了一定的素描基础之后，可以根据个人兴趣选择其他工具材料作为表现语言，只要是单色、有色阶变化、适合画面风格，均可以尝试应用。

图1-6　钢笔速写(30×21cm，金文杰)

素描从作画时间概念上，可分为短期素描、中长期素描、速写等。作画时间直接决定了画面语言的繁简与画面内容的详略，短期素描画面中的切入角度和解决问题的针对性较强，速写则以呈现环境氛围、大体感受为主(见图1-7)，中长期素描涉及的画面问题相对全面、细致(见图1-8、图1-9、图1-10)。

图1-7　短期素描(30×21cm，王运驰)

图1-8　长期素描(51×38cm，吴晨晖)

图1-9　长期素描(38×21cm，李慧)

图1-10　长期素描(37.5×26cm，表秀峰)

在我们的教学安排中，考试通常是安排四学时的短期素描，要求画面具备构图、造型、体积空间、主次关系等基本因素；课堂写生则是以八学时以上的中长期素描方式，阶段性地研习画面构成因素、培养绘画能力，要求画面整体关系完整，每一张习作所解决的问题要明确、透彻；在素描实习周的户外写生通常画的是一至两小时的速写。由于作画时间的不同，就决定了学生的素描作品在画面尺幅上、表现的细腻程度上有不同的视觉效果。

素描在画面语言表现方式上分为结构素描与全因素素描。结构素描顾名思义，是以表现写生对象的形体及其结构为主要内容的绘画形式。结构素描在形体构造表现上逻辑严密，画面语言精练透彻、鲜明有力，根本目的是了解与掌握写生对象的形体构成关系，把结构与空间画得更准确。这一类别的素描有两大要点，一是线条的应用，二是透视关系的表现。

结构素描的画面语言以线条为主，以弱化光影因素的方式来突出形体结构。由于线条的特点是单纯、直接，所以在研究、理解写生对象的造型结构、空间关系阶段，结构素描是最适用的表现形式。在结构素描的画面中通常有两部分线条，一部分是看得见的线条，包括写生对象的外轮廓线、内轮廓线、明暗交界线、投影边缘线等；另一部分则是看不见的线条，就是交代写生对象各个部分连接、穿插关系的形体结构线。在画面表现中两种线条是有主次关系的，看得见的线条要更为清晰有力，空间、质感的变化要体现得丰富一些，对应地，看不见的线条则要点到为止，不可喧宾夺主，影响形体结构的表达，如图1-11、图1-12所示。

结构素描中准确表现形体的基础是合理的透视关系，精炼地概括就是“近大远小、近实远虚”。有关透视原理及其应用的知识将在第2章详细介绍。

全因素素描，也被称为光影素描，是运用所有的画面造型与表现因素来塑造写生对象的绘画形式。在画面上全因素素描最直观呈现的是由色阶层次丰富的调子构成。这里的“全”是指画面中涵盖所有的表现因素，包括造型、线条、比例、透视、明暗、体积、空间、质感、色彩关系、主次关系等。全因素素描的主要特征是在固定的光源下以明暗调子来表现刻画对象，调子的变化可以很好地表现光线产生的明暗系统，表现体积空间的位置关系，表现刻画对象各自不同的材料质感，如图1-13所示。

在建筑学的素描课程中，理解了透视规律、体积结构、空间距离、材料质感等塑造物体的必备画面因素之后，会进入全因素素描的写生练习阶段，研究和表现写生对象细腻的造型关系、生动的情境氛围。

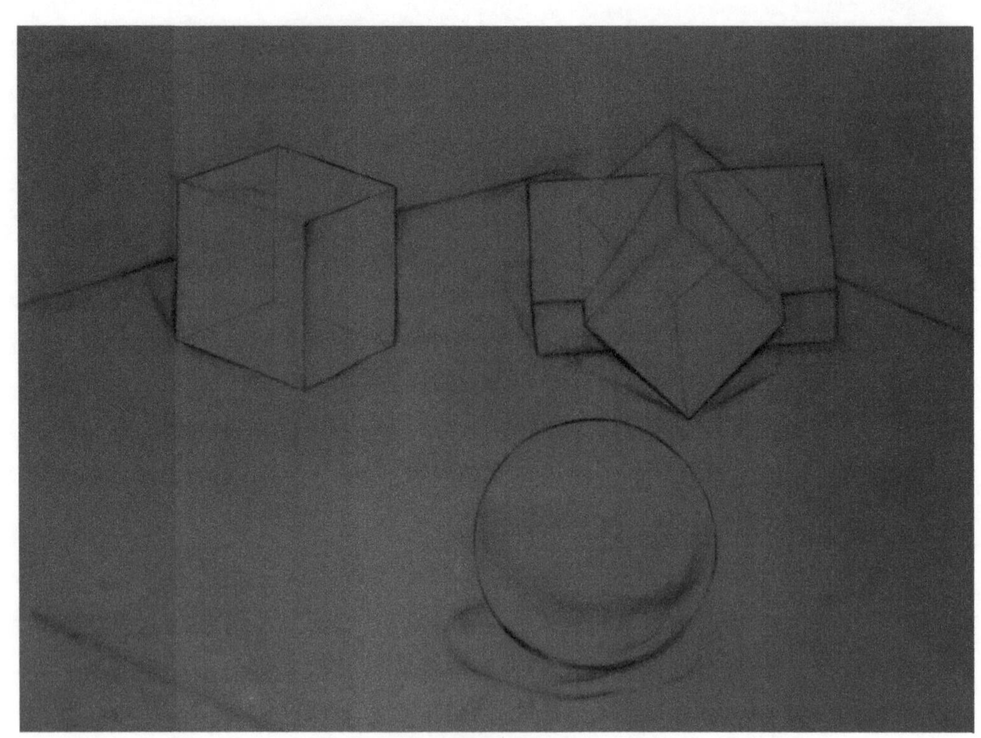

图1-11　结构素描(52×38cm，陈浩)

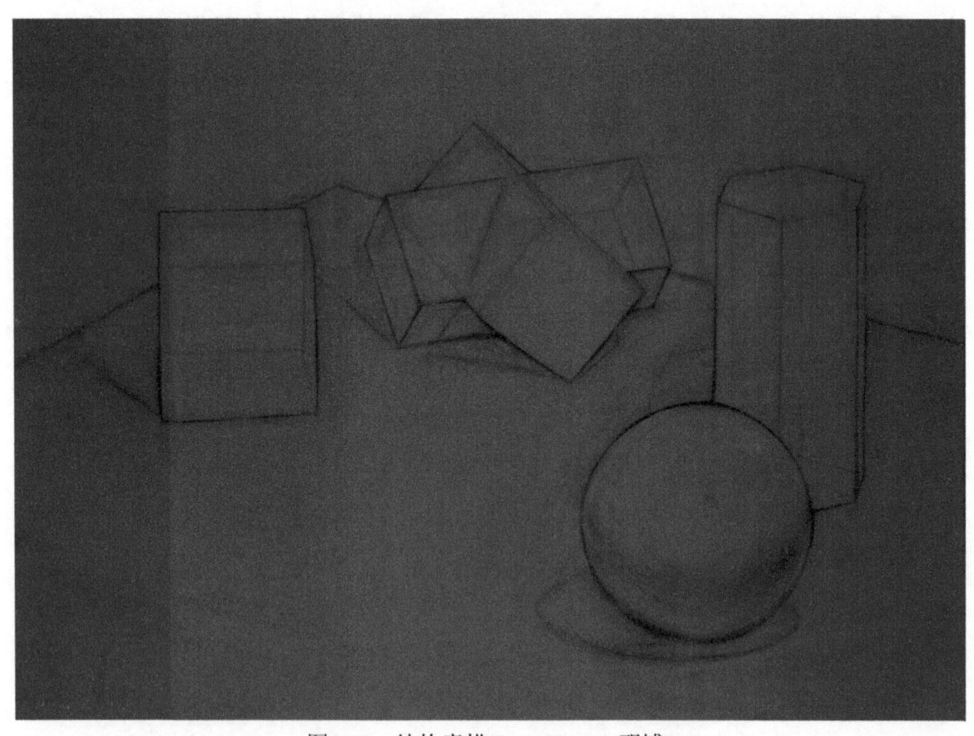

图1-12　结构素描(52×38cm，邓博)

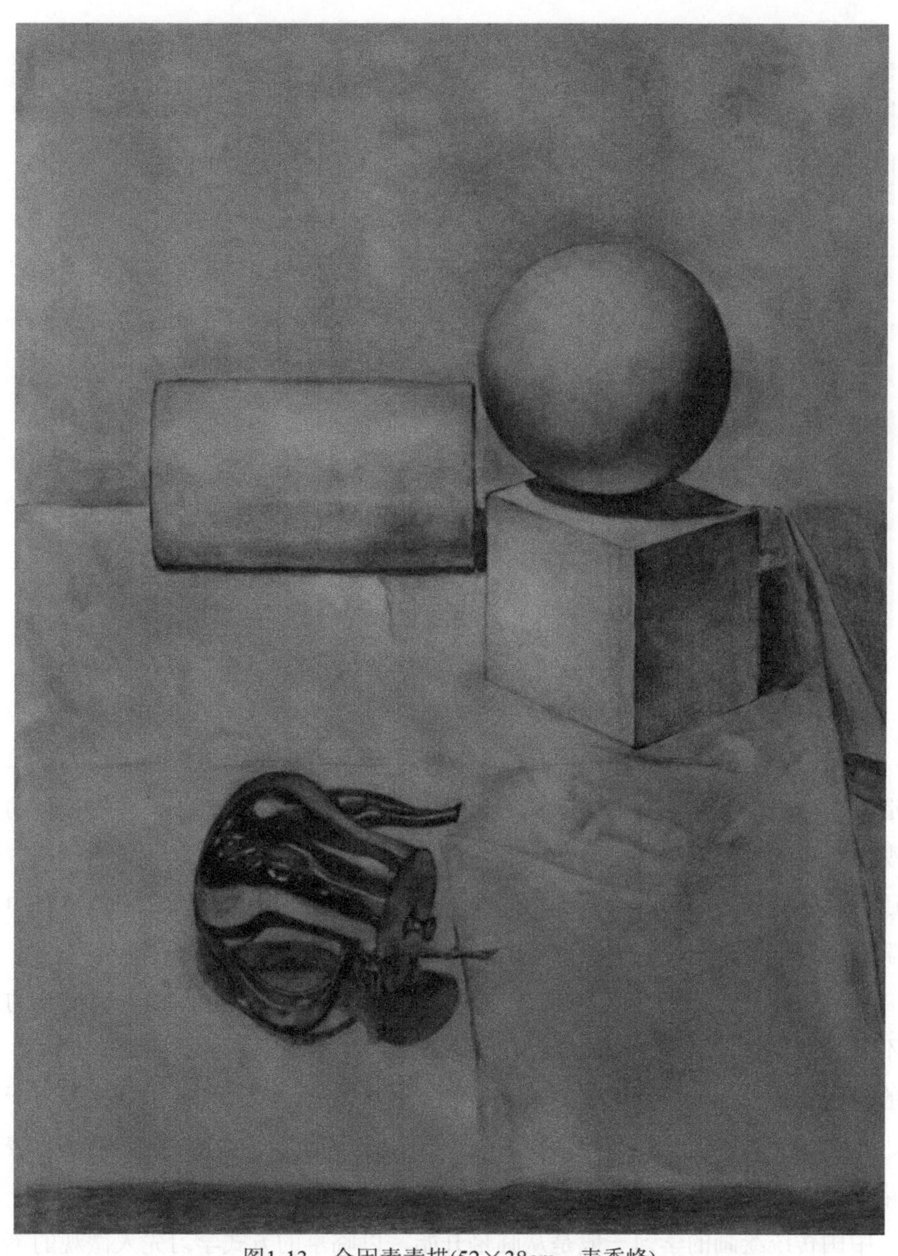

图1-13　全因素素描(52×38cm，表秀峰)

从画者与刻画对象的关系来看，素描可以分成写生和临摹两类。

写生是直接观察和表现自然物体的一种绘画形式，所描绘的对象是以三维空间形象存在的，要求画者真实、准确地描绘，对比例、空间、透视等造型因素有一定程度上的认识、理解和掌握，通过分析、比较、判断、联系等观察方法和分析方法把握写生对象的形体特征。写生题材具体细分为静物写生、人物写生、建筑风景写生等，如图1-14所示。

图1-14　风景写生(38×26cm，王冰)

西方绘画的学习一般是以写生开始，训练学生学会用自己的眼睛去观察和感受，用自己的手来表现画面，通过掌握物象表现的客观规律来进行主观的想象和创造。本书的建筑学专业素描课程的教学内容是以写生为基础来编写的，目的是直观地培养学生的绘画能力。课程设置会有同一物体、不同视角的画面对比，另外还会设有俯视、平视、仰视等不同视点的写生内容，这样可以在写生过程中培养学生全方位、立体思考空间形象的能力。

临摹是提高艺术感受力、丰富绘画表现技法的一种学习方式，所描绘的对象不是实物，而是已经完成的绘画作品。在素描的学习过程中，可以在以写生为主的课程体系设置中穿插一到两幅临摹名家名作的练习，目的是揣摩大师对于构图、光影、空间等画面细节因素的处理方式方法，从而拓展个人的素描语言表现思路和手法。临摹是学习素描的一种辅助形式，如图1-15所示。

中国传统绘画的学习一般是从临摹开始，以临摹的方式学习先人微观的笔墨技法和宏观的绘画题材，如果说写生是以个性为基础开始绘画学习，那么临摹则是以共性作为学习的起点。

上文讲述了初学素描所能涉及的各种分类与表现形式。从素描的发展历史来看，这一古老的画种有着无尽的内涵与外延，在漫长的发展过程中衍生了多样的画面形式，如果详尽细致地分类讲解会有更多的篇幅和更大的作品展示空间，这里仅将其作为建筑学的专业基础课，围绕课程结构来讲述，不做更详细的阐述。

图1-15　临摹(50×31cm，葛叁)

素描分类了解与掌握的意义，首先是能够更深入地理解素描的概念，其次是在素描学习过程中对画面的阶段性及解决问题的目的性有清晰的认识。在素描写生与创作时，要明确当前画作所要解决的问题、所画的题材、所用的时间以及画纸的尺幅，以此为依据选择相对应的分类表现形式和画面语言，对画面最终的结果要有基本的构想，明确的思路是画面具有良好视觉效果的向导。

在掌握了基本的素描表现能力以后，可以在创作中不断地调整、尝试，寻找合适的画面语言、表现方式及绘画技法，最终能够在创作的过程中发掘具有个人特征的素描语言形式。

1.1.3 素描的本质

通常理解的素描，就是运用铅笔、橡皮、白纸来画画，在画的过程中需要画形以及涂明暗调子。这里我们要通过比较深入的讲解，使大家对素描有一个新的认识，拓宽素描的范畴，挖掘素描表现的本质。

谈到素描的范畴离不开其画面语言，画面语言的性质特点由工具材料决定。从素描的概念出发，符合“以单色朴素的描绘”这一条件的视觉表现语言很多，它所对应的工具材料的局限性就不存在了。除了碳铅、碳条、水墨、水彩颜料、水粉颜料、油画颜料等，我们日常的素描绘画练习中最常用的是铅笔、橡皮、白纸这一套工具材料，我们都很熟悉这套工具材料的使用方法、性质和特点。这套工具材料使用简便，易于修改调整。在通过铅笔系列工具材料学习掌握了素描绘画的基本方法之后，可以选用自己擅长、青睐的任何单色媒介来进行素描的绘画表现。在把握“单色色阶明度变化”这一素描基本原则的基础上，不同的工具材料将会赋予画面多样的风格意境。碳元素材料粗犷流畅，水性颜料润泽丰盈，油性画材肌理厚重、富于表现力。

素描学习的本质是锻炼习画者多方面的能力，完整的画面不是习画者的创作目的。一幅优秀的素描作品，能够体现画者包括观察能力、比较能力、空间表现力等在内的一系列绘画能力。绘画是体力劳动与脑力劳动的结合，一般绘画写生过程是观察—思考—表现，脑力劳动的观察与思考在先，体力劳动的画面绘制在后。另外，绘画是一个整体逻辑关系严谨的行为过程，就一般绘画创作来说，构思、草图、构图、画面题材选择、画面关系安排、细节刻画落实，都需要精心理顺作画步骤，从整体到局部把画面建立起来。素描的学习，剥离了色彩因素，选择相对简单的工具材料来解决以上涉及写生和创作的绘画问题，通过一段时期的素描训练逐步提升学生的绘画表现力、审美能力和想象力。

上述各方面能力的培养是在写生的各个阶段完善的。在落笔的最初阶段，要考虑取景与构图，训练的是审美能力；起稿开始，把形找准是这一阶段的主要目的，训练的是观察与比较的能力；在深入刻画阶段，需要明确地表现所描绘形体的体积、画面的空间构成，训练的是空间表现力；调子的完整刻画，训练的是对于画面节奏整体把控的能力、对于描绘物体质感的表现力。

对于建筑学专业的学生，在素描学习的过程中通过描绘形体、表现空间，直至创作体量空间的一系列素描学习，最终达到具有一定的审美素养，可以运用相对单纯、简练的画面语言明确地表现个人的设计理念，如图1-16、图1-17所示。

图1-16　多层建筑(52×36cm，宋晓一)

图1-17　马克笔建筑效果图(48×31cm，孙凌潇)

综上所述，素描的本质是要建立科学的观察与思考方法，培养整体观察写生对象、处理画面的能力，学会从客观对象上捕捉感受，运用画面语言将感受升华为形象特征。

1.2 素描学习的意义

素描学习，主要为练就习画者的一双艺术家的眼、艺术家的手。思维通过眼睛来确定，眼睛告诉手去表现，表现出来又通过眼睛给予肯定。

“艺术家的眼”即画者的观察能力。观察能力的培养有两个层面，一是针对写生，二是针对设计。写生中观察能力的核心要求就是准确，准确的观察是建立良好画面的前提基础。在落笔之前能够通过观察确定画面构图范围内各物体的相对比例、空间距离，准确地观察到写生对象的形体特征、体量质感等。设计中所涉及的观察能力，是写生观察的延伸、拓展，与感受能力联动，观察的内容更宽泛、更多元，这个意义上的观察是设计创作的素材积累和筛选，直接决定了创作内容的呈现。

素描学习中“艺术家的手”是指绘画的表现环节。用手执笔在画纸上作画看似容易，其实最终画面的形成却不仅是“画”这样简单。画面表现效果取决于两个方面：首先是画者的观察与分析，其次是对于工具材料及相关画面语言的了解与掌握。落笔之前的观察与分析提供了绘画的题材内容，确定了画面的构成因素和绘画语言的风格样式；作画过程中对于工具材料所生成的画面语言的掌握与应用，则直接影响绘画的视觉表现力。“艺术家的手”主要是勤于练习的结果，素描的学习要从易到难涉猎不同的题材，从画面构成因素出发循序渐进解决各方面的问题，能够得心应手地掌握工具材料，收放自如地描绘画面细节。

衔接眼与手的是思维。写生不是照片的再现，素描设计与创作更是主观表现，所以思维是构建画面的关键。素描写生中的思维包括归纳概括所观察到的细节，包括对画面中写生对象的体量质感、空间关系、主次关系的理解，还包括选择适合的画面语言表现具体物件、构建完整画面以及画面风格样式的设计定位。在日常的学习中，要广博地阅览、研读相关艺术作品，在欣赏与比较中培养审美意识，逐渐在宏观上把握画面。通过观察与分析写生对象、经营画面构成因素、推敲画面语言这一系列构建画面的环节，逐步唤醒学生的审美意识、提升审美能力和艺术创作能力。

建筑学作为视觉传达艺术范畴内的一门学科，是以视觉语言符号来传达建筑相关设计理念的。素描学习对于建筑学专业而言，是掌握形体塑造表现能力的开始。得当地传达视觉形象的基础是良好的造型能力。素描课程就是侧重造型能力的基础训练。课程设置通过铅笔这一调整容易、表现力丰富的素描练习语言，使理工科院校的建筑学专业学生，从薄弱的绘画基础开始，逐渐达到能够随心所欲地表现物体的形象特征、体积空间、材料质感。素描写生训练中应用马克笔、彩色铅笔等快速设计工具材料，能够与建筑设计专业课顺畅衔接，进而达到以建筑与景观为载体，准确地运用形象、体积、空间、质感等视觉因素来表达自己的思想感受、设计方案。

1.3 素描所需工具材料

在前文我们讲过素描的广义范畴。在广义的素描范畴中，画面语言及相关工具材料是相当丰富的。这里详细介绍其中的一种，是针对建筑学专业低年级学生的素描课程所用的主要工具材料，即包括铅笔、橡皮、画纸、画板、画架在内的一个系列，如图1-18、图1-19所示。

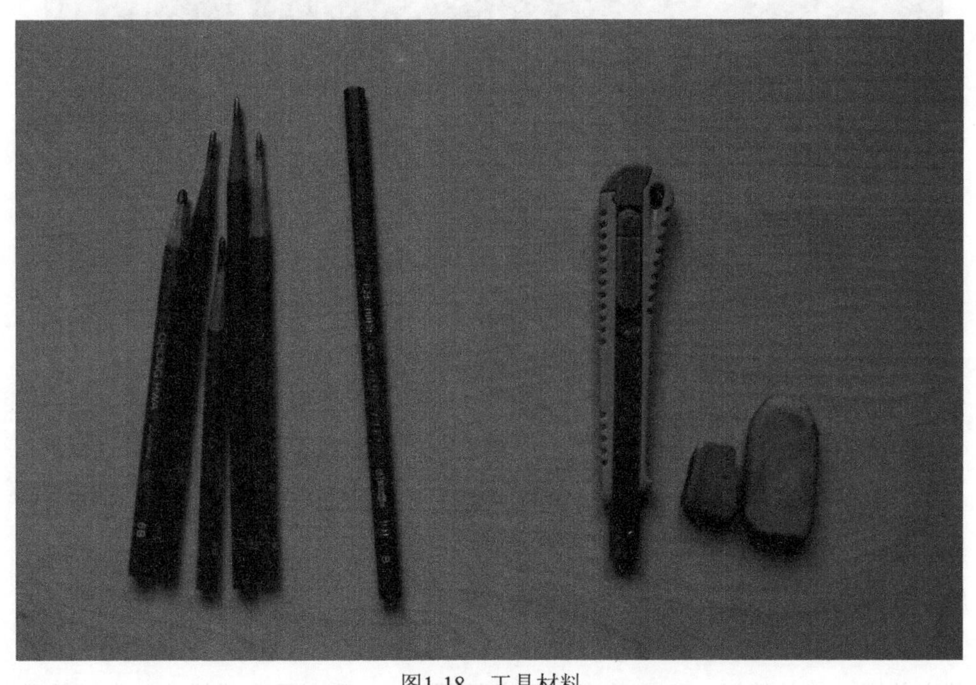

图1-18 工具材料

图1-19　画纸、画板、画架

1.3.1　铅笔

铅笔以其易于修改调整的特点成为素描初学者的最佳选择。铅笔芯主要由石墨和黏土构成，在使用的过程中石墨显现落笔的痕迹，而黏土用来平衡石墨的软度、增加铅笔芯的硬度。

铅笔的型号分为H系列、B系列以及介于两者之间的HB。铅笔型号里H是英文单词Hard的简写，Hard的中文词义是硬的，H系列是硬质铅笔，常见的是

H～6H标号。H前面标号的数值越大，构成铅芯的黏土成分比例越大，铅质颗粒越小越密集、较硬，在绘画里不常使用。铅笔型号里B是英文单词Black的简写，Black的中文词义是黑色的，B系列是软质铅笔，常见的是B～8B标号。B前面的数值越大，构成铅芯的石墨比例越大，铅质柔软且颗粒越大，画出的痕迹越黑。绘画用铅笔一般在HB至6B之间。

以一般素描绘画过程为例，作画最初的起稿阶段，用5B或6B铅笔较为适合，铅质柔软，轻轻落笔，用橡皮修改调整起来不留痕迹；随着刻画的深入，确定形体、刻画细节，比较适合的是3B、4B这样铅芯软硬适中的铅笔；2B、B、HB这类相对较硬的铅质，适合刻画色调的中间层次以及精细清晰的形象。

以绘画题材为出发点，画面中会需要不同的质感刻画，刻画不锈钢、玻璃、抛光理石这一类质感坚硬的物体时需要用铅芯较硬的铅笔，如2B、3B；刻画沙土地、毛呢、花岗岩这样质地松散的物体时需要大颗粒铅芯的铅笔，如6B。通过观察，我们会发现每一种物象都会呈现独特的质感，在理顺与质感相关的细节时，就能够选择出所需软硬程度的铅笔型号。

另外，画面空间关系的塑造也可通过选用不同的铅笔来表现。在空间中靠前的部分可以用硬质的铅笔来刻画，清晰、明朗；在空间中靠后的部分可以用软质的铅笔来刻画，细节能够含蓄地在整体里体现。前后两种空间位置关系的对比能够更好地呈现“近视远虚”的空气透视关系。

最后，以作画过程为脉络归纳一下铅笔的使用方法。掌握铅笔的手臂要从肩为轴，到肘为轴，再到腕为轴，执笔发力逐渐具体细腻，相对应地，画面呈现的线条痕迹是松散的长线到变化丰富的短线。从最初的下笔起稿，到落实形体、确定明暗关系，到深入刻画，直至调整画面关系收尾，铅笔落在画纸上是由线条轻松易改到逐步明确肯定的视觉变化过程。

1.3.2 橡皮

素描用橡皮分为两类，一类是绘画用白橡皮，一类是很柔软的可塑橡皮。绘画用的白橡皮可以修改画错的地方，不留痕迹、干净利索，也可以用轻沾、轻擦的方式调整局部色调的明暗关系。可塑橡皮极柔软，质感类似橡皮泥，柔和不损伤纸面，适用大面积涂擦，调整画面大体色调的层次。

在需要明确形象的阶段，橡皮帮助我们修改、矫正形体；在已经有铅笔调子塑造的画面里，橡皮像一支软笔，能达到油画一样的笔触、木刻一样的刀锋、水彩画一样的温润、雕塑般的肌理。从素描绘画的意义上讲，橡皮不仅是擦掉画面错处的工具，巧妙地使用它擦、沾、蹭，会产生不同的调整效果，可以作为一种与铅笔互补的绘画手段，一加一减，使画面逐渐呈现完美的造型、恰当的色调和丰富的表现力。

1.3.3 画纸

只要是质地厚实的白纸均可以画铅笔素描，不同的纸张有不同的质地、特性，与铅笔共同构成画面的肌理语言。

习作素描最常用的是素描纸和图画纸。素描纸的两面有所不同，一面较为平滑，一面有不规则的纹理。平滑的纸面适合塑造具有个性的画面语言，笔触自由不受限制，而有纹理的一面较为适合初学者，由于纹理的起伏，即使平涂和反复调整也不容易出现不透气的色块。图画纸相对于素描纸薄一些、脆一些，更适合画短期作业，中长期作业可以用素描纸来画。

创作性素描可以选用更为广泛的纸张，水粉纸的蜂窝质地、水彩纸的碎曲线纹理、宣纸对于水分的反应，都可以与不同的工具材料结合，表现设计理念。

另外，绘图纸是建筑学专业设计中常用的绘图纸张，纸面过于光滑，对铅笔颗粒的附着力很低，不适合初学阶段的素描练习。

1.3.4 画板

美术用品商店里可以买到各种型号、质地的画板，作为建筑学专业的学生，选择比二开纸略大的木质画板为宜，在画素描、色彩时可以采用这个尺寸，对于建筑设计课图纸大小正适合。木质的板材能够适应水彩纸、建筑设计图纸在湿水情况下的反复装裱。

1.3.5 画架

素描写生用木制的三角支架画架即可。需要指出的是，画架的倾斜度以与地面呈80度角为宜，画纸的中心应放置在画者视线的水平位置，视线与画板平面呈近似垂直状态，按这样的角度作画，不会产生视觉偏差，纸面上画出的物体较为客观，不易变形。

除了使用画架作画，也可以把画板放置在有靠背的椅子上，画者面对画板以坐着的方式写生。无论是站着还是坐着的写生方式，观察点一定要保持不动，写生对象也要保持不动，这是画面造型准确的最基础条件。

1.3.6 其他

壁纸刀是画素描必备的工具之一，绘画的过程中经常用它来削铅笔；如果纸张尺寸与构图需要不符，可以用它裁剪画纸；画纸是裱在画板上作画的，作品结束需要用它把画裁下来。

图钉或美纹胶带也是不可缺少的用品，绘画过程中起到把纸张固定到画板上的作用。一般情况下，用4个图钉按在画纸的4个角上就可以起到固定的作用。如果画板不适合用图钉，或者完成的素描作品想喷洒定画液，就需要用美纹胶带把画纸四面封边，粘在画板上。定画液是一种喷雾状、胶质的透明液体，素描作品完成后，可以喷洒在整个画面，起到固定铅笔调子的作用，有益于作品的长久保存。

工具材料不能决定画面的效果，但能影响作画的过程，了解掌握工具材料的性能是画素描不可缺少的准备工作。

第2章
素描单项训练

初学者面对写生对象常常不知从何落笔，不完全了解一幅完整的画面由哪些作画环节构成，每一作画环节要解决怎样的问题。本章将以最基础的几何形体组合为表现题材，采用全因素素描的表现方式，系统地介绍素描写生的作画步骤，详尽地讲解每一步骤要解决的问题。

如果说素描是一切造型艺术的基础，那么几何形体写生就是素描学习的起步。我们所说的几何形体是指画几何形体石膏模型，是世上万物剥离表皮细节特征后的基本形态。以生活中常见的事物为例，水杯是由圆柱体演化而来的，建筑物是由长方体演化而来的，球体可以演化成人的头，棱锥可以演化成人的鼻子……所以掌握了几何形体的塑造，就能够把写生对象的造型与体量在画面中建立起来，而进一步塑造的细节特征都是在这基础之上衍生刻画的。在下文的素描范画讲解中，我们要落实到步骤、具体到方法，深入研究和掌握这些几何形体的体面构成、透视、明暗以及种种表现因素的规律性。

2.1 作画步骤

取景构图是素描写生的第一步，体现学生的审美能力(见图2-1)。

首先，面对写生对象，我们要选择感兴趣的角度和光源方向。不同的角度呈现物体不同的空间位置关系，不同的光线下物体会产生微妙的体积、量感的变化。一组几何形体在固定的光源下，观察视点不同，会呈现三种不同的明暗关系分布。第一种是物体受光部分较多的顺光角度，受光源影响多，整体色调上明度相对高一些；第二种是物体受光部分和背光部分均衡分布，形体转折关系相对明显，色调节奏感比较强；第三种是物体背向光源部分较多的逆光角度，整体色调上明度偏低。这三种明暗关系形成的画面没有优劣之分，只是形成的画面氛围有所不同。围绕写生对象的观察角度一旦选定，就不要移动，否则位置的变化会直接导致画面中物体形象的变化。

其次，要解决画纸形式的问题，这是构图的先期准备。根据我们选定的光源角度，预想一下是横构图还是竖构图更适合表达画面意境，在绘画创作中有时还会用到方形构图、圆形构图等其他画纸形式。每一种形状的纸都会给人不同的感受，竖长的纸挺拔、横长的纸安稳、方形的纸均衡、圆形的纸润泽，画面造型和光源结合所形成的感受与画纸形状给人的感受相吻合就是选择画纸形状的标准。

最后，确定写生对象在画面中怎样取景布局，这是构图的后期落实，即把写生对象整体安排在画纸上，要明确整体团块的大小高低位置。写生对象在画纸中所占比例大，所处环境就相对小，主体的可视感较强；写生对象在画纸中所占比例小，环境就相对大，整体形成的环境氛围较强。取景构图决定了画面中各物体和场景环境的主次关系、空间位置关系、黑白灰节奏关系，决定了画面形成后的整体视觉效果。

起稿找形是素描写生的第二步，体现学生的观察能力(见图2-2)。

有了取景构图的先期工作，接下来需要把刻画对象落实在画纸上。起稿找形有两个方面的要求：一方面要求区分出画面中的主体与环境，把几个主体物体看成一个整体，落实到画纸上的要求是整体上下定位的长度与左右定位的宽度比例准确；另一方面要求把整体拆分，每一个物体落实到位，每个物体的横向与竖向比例得当，物体之间的大小比例合理、空间距离关系准确，还要初步表现出光源形成的明暗交界线。

找形的过程中，有的学生会动用铅笔甚至是格尺来辅助观察，确定形，在这里要提醒大家，量出来的东西是不准的，手里握着笔或尺的角度稍有变化，测量出的比例就会相差很多，画出准确的形依靠的是眼睛的反复观察与比较，当画面呈现的形象与眼睛观察到的形吻合了，形就画准了。

到这一步骤画面完成的只是包含长度和宽度二维的平面关系布置，我们生活的环境是立体的，所观察的写生对象也是以长、宽、高为尺度的三维存在，所以，接下来的步骤是建立起三维立体的画面空间关系。架上绘画的过程，其实是三维—二维—三维构成的视觉空间模式的转换，其本质是以三维空间为基础，在画面的二维平面内建立起三维立体的视觉感受。

明确形体是素描写生的第三步，体现学生的画面表现能力(见图2-3)。

在这一环节，明确形体的意义是在二维平面上进一步落实写生对象从大到小的比例、结构、空间转折关系，在三维中塑造画面中每一个形体的体积和所有形体之间的空间距离。素描的空间感具有一定的假定性，画面中的前后、高低、虚实等关系，都是通过相对比较而显现的一种视觉感受，在画面中是依靠铅笔线条和色调的变化来表现的。

至此，画面已基本具备预设的视觉效果，所呈现出来的有写生对象具体的形象特征、体积感和空间感、光源的位置方向。这些画面因素基本上是以线条的表现形式为主，在明暗交界线向背光的部分会带一些色调。

表现形体是素描写生的第四步，体现对于画面整体的调整与把控的能力(见图2-4)。

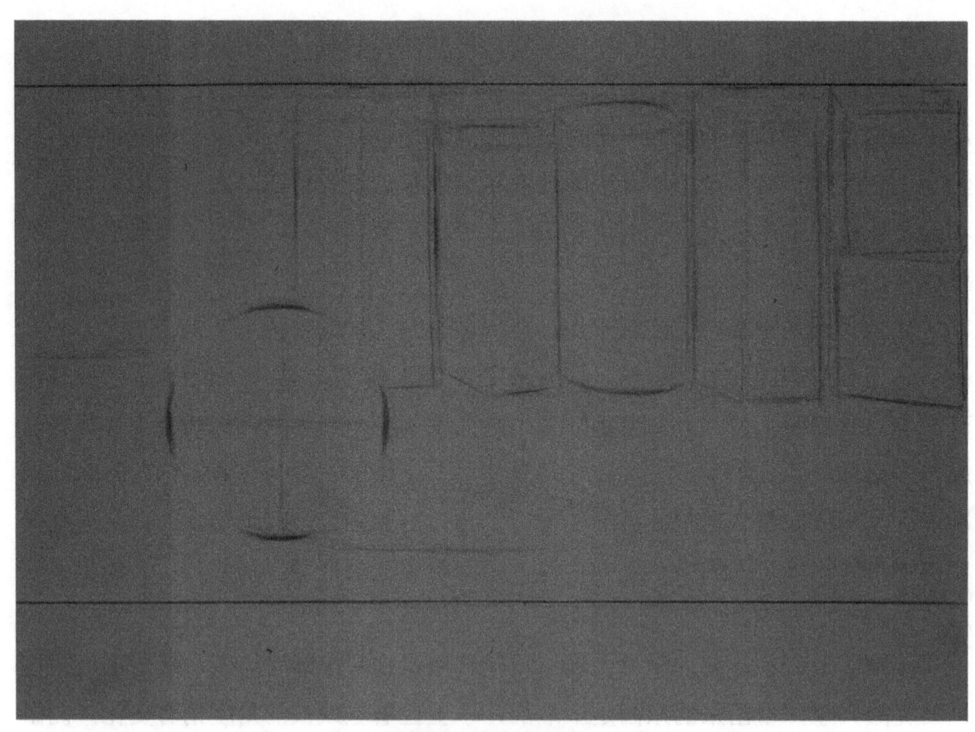

图2-1　作画步骤一

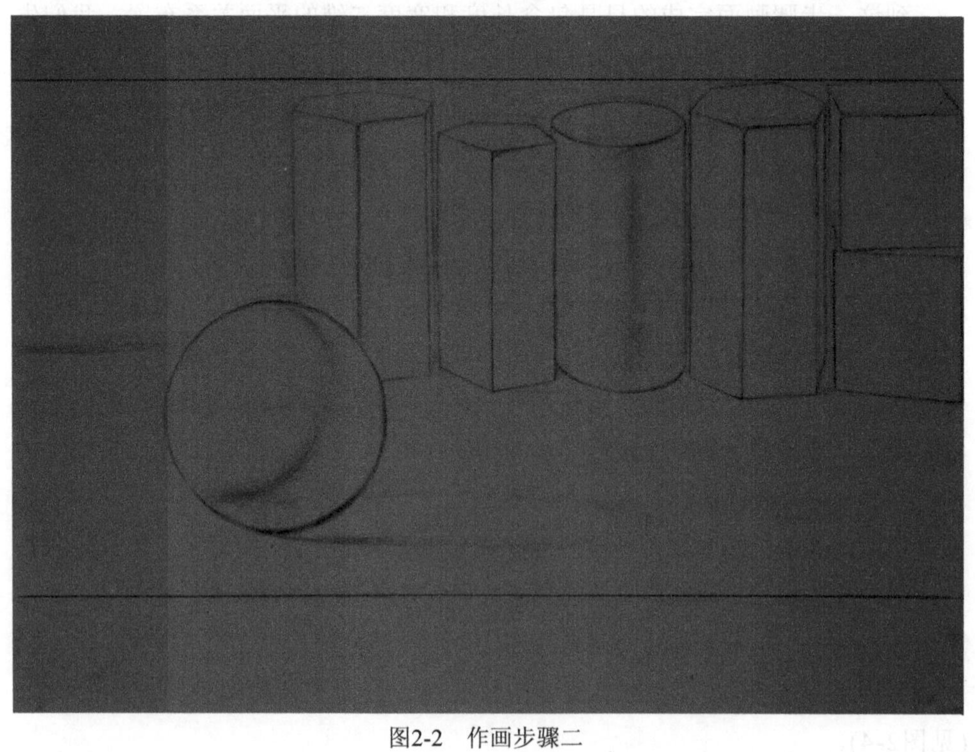

图2-2　作画步骤二

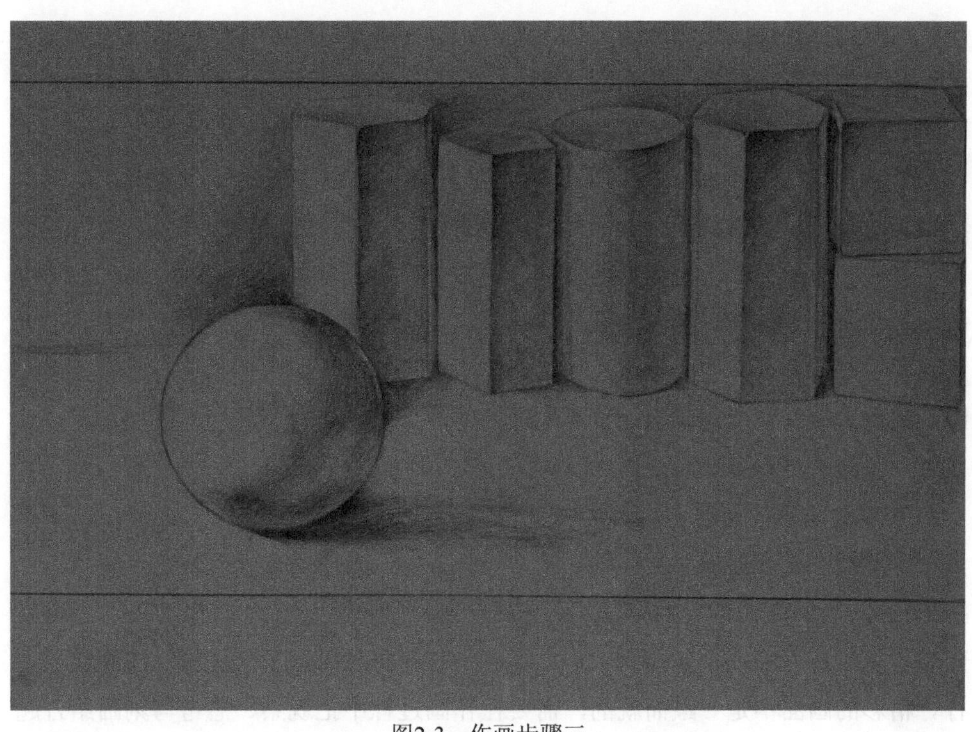

图2-3 作画步骤三

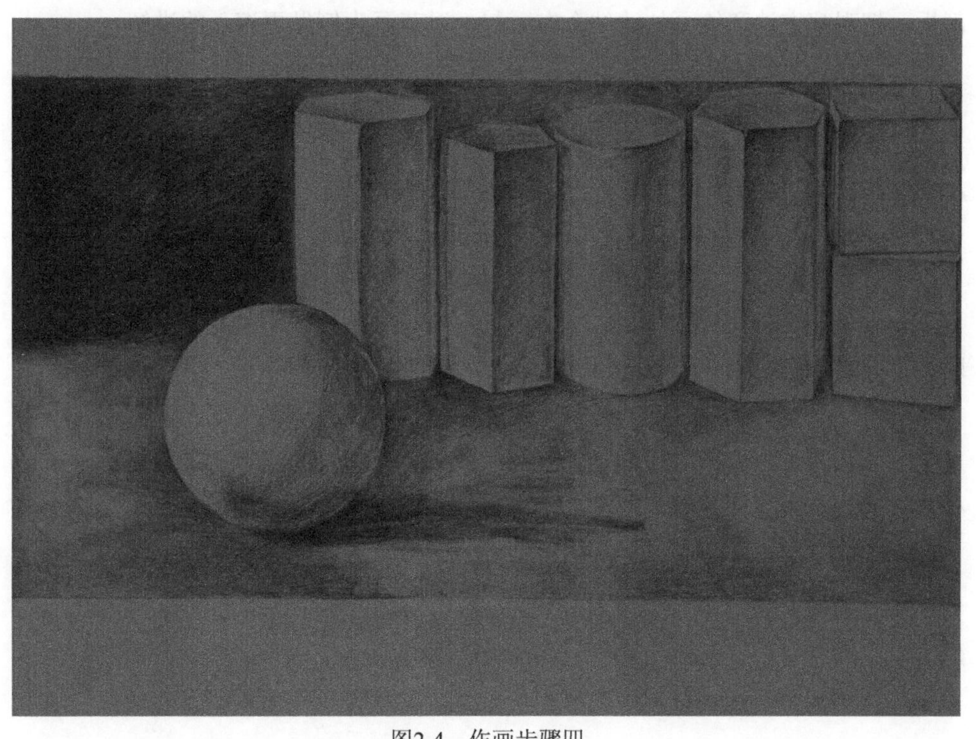

图2-4 作画步骤四

这个步骤中画面上的线条更加丰富，深浅、粗细、虚实的变化是写生对象体积、空间、质感表现的开始，色调(又称为调子)的变化是画面关系的深入表达。画面要充分地表现写生对象的形象特点、体积分量、空间距离、材料质感。

通常，这个环节被理解为画面的收尾，一方面需要单纯地、地毯式地细致刻画画面中每一个物体的每一个细节，是表现形体的一部分。细致的刻画可以把写生对象的质感描绘得更加细腻、细节更加丰富，提升画面的视觉表现力和感染力。另一方面，在这样深入刻画的基础上需要战略性地调整画面整体，从主次关系入手要细致刻画主要的形体，相对弱化次要形体；从空间关系出发要着重表现距离视点近的物体，逐渐虚化距离渐远的物体；以画面整体色调为基础，拉开整体黑白灰的节奏和层次。

上文是以几何形体组合为题材分图讲解作画步骤的，每一步骤都有其侧重点和需要解决的画面问题。在刚开始学习素描时，希望学生能够按照步骤落实，把作画环节的每一步理解清楚。无论写生题材是几何形体、静物、人物，还是建筑、风景，作画都是异曲同工，掌握了一种题材就可以举一反三，按部就班进行。精彩的画面不是一蹴而就的，需要在作画过程中把观察、思考与刻画结合起来，在每一个步骤都扎实稳妥地落实，能够认真把握每一个环节的关键点。

在了解了素描写生的一般作画步骤之后，下文将就画面构成的各关键点进行剖析，把观察方法和绘画技法结合在一起，以范画为例做更深入的讲解。

2.2 造型练习

素描是以研究形体构成为主的学科，准确地表现形体、真实地再现其体积空间是画面建立的基础，所以在素描课程里，严谨的造型训练是十分重要的。在素描写生中，我们首先要表现的是写生对象的形体特征，所谓“形”，指的是所画对象的外形轮廓；“体”指的是单个写生对象的体积形态；“特征”是区别于其他形体的轮廓起伏变化、体积大小、材料质感等方面的特点。

素描写生中的造型是从找形阶段开始的，其本质是把三维空间二维化。确切地说，就是把处于视觉三维空间里的写生对象，以线条的方式落实在二维的纸面上。

在造型练习的找形过程中，“比例”是画面构建最初涉及的。在建筑学的专业课程里经常会用到“比例”，绘画类课程和设计类课程中“比例”的具体含义有所不同。建筑设计中的“比例”，是在数学意义上精确到数字的比例尺，是指图形与其实物相应要素的线性尺寸之比，常用的有1：100、1：200等；而在绘画中的“比例”，往往是视觉意义上的尺度比较，没有具体数字约束，指的是画面中物体之间外形的大小、宽窄、高低的对比关系以及所画对象占用画面大小的构图关系。所以，在绘画过程中要与建筑设计中的“比例”在思路上区分清楚，在找形的环节认真观察比较、细致表现，真正做到写生对象在画面中比例得当。

在造型练习的找形过程中，把形体落实到画面中有可以遵循的逻辑方法。画面中的准确造型，不仅包括单个形体的准确，还包括各个写生对象相对关系的准确。因此，先要确定画面中相对稳定的因素，然后经过与其比较，衍生相对不太稳定的因素。以正方体为例，垂直的线就是相对稳定的因素，要首先建立，倾斜的线是相对不稳定的因素，可以与垂直的线比较位置、倾斜的角度之后，落实在画面里。以几何形体组合的写生为例，如果组合中包含方体，则先确定方体的形，其他形体参照方体的位置落实。

前文讲述的是基本构建画面的思路和方法，而这些思路和方法是建立在观察的基础之上。中国传统绘画讲究意在笔先，准确的观察、科学的思路、合理的方法要先于落笔，才能做到画面造型准确、合理。

2.2.1 观察方法

素描写生的画面内容表现的都是画者眼睛所观察到的，所以观察是画面的起点，科学的观察方法是画面准确表现的前提。

在素描写生中，整体的观察是构建画面的基础。严格地说，写生中的观察是整体观察与局部观察不断转换的过程。局部观察指的是人们习惯逐个观察写生对象，这样有利于准确捕捉形体细节，但对于画面因素整体关系的表现却是不够的。从整个画面着眼的观察方法决定画面中各个形体及相互关系是否准确，同时也贯穿作画过程的始终。画面中刻画的主体与背景需要比较、刻画写生对象的前后空间位置需要比较、每个具体的形体长宽高的变化也需要比较，只有整体的观察方法才能聚合画面中的因素，在这些因素相互比较产生的差异中把形体推敲得准确。徐悲鸿先生对于绘画艺术有一句精辟的概括，即“尽精微，致广大”，用在造型环节就是在整体观察上落实画面大的比例和构成关系，在局部观察上发掘细节来丰富画面的表现力。整体观察与局部观察相互结合、相互渗透，把画面准确生动地建立起来。

在素描写生中有效的观察是基础。观察不是写生的一个形式化的环节，通过观察要捕捉到写生对象准确的信息。以画面中的点为例，其在画面关系中都有横向和纵向的相对位置，类似数学里的坐标轴，在x轴与y轴的对应中找到的定位是准确的。在观察中切忌形式化，看个大概画出来的也就是个概貌。把每一个点、每一条线都落实在画面中相对准确的位置，这样形成的整体画面才能做到造型准确。

准确的观察能力对于建筑学专业的学生而言是非常必要的。一个建筑师需要在空间感受与精准的观察之间建立起紧密的联系，如果说置身于新环境，空间给人的第一感受是抽象的，那么建筑师就需要有把抽象的感受落实为具体数字的能力，这个能力是设计建筑空间环境的基础。通俗地说，建筑师的观察能力要精确到眼睛如同量尺，看到就能说出尺度。当然，这个能力不是一蹴而就的，需要在基础的素描训练中锻炼，也需要随身带尺、以步为尺，随时丈量校对观察到的尺度，久而久之，就会锻炼出敏锐的观察能力。

2.2.2 透视关系

透视，是人从不同角度、距离来观看物体时的基本视觉变化规律，即当物体透明时观察者所能看到的一切。透视包括形体透视和空气透视两个方面，在造型练习中我们主要了解的是形体透视。

中国传统绘画与西方绘画对于透视有不同的认知与表现形式。在中国传统的绘画理论中，透视可以概括为散点透视，无论是精巧的花鸟作品，还是宏大的写意山水，画面中各个物体的观察点可以不固定，根据画面调整位移，整体的空间关系都是以前后叠压的方式来表现的。在西方绘画理论中，讲求的是焦点透视，以等大物体与观察点距离近大远小的视觉变化规律为基础，画面中会延伸出最少一个、最多三个的消失点，这个消点与焦点是同一个意思。素描写生课程属于西方绘画门类，所以我们需要学习掌握的是焦点透视理论。

素描写生中应用的透视关系可以用8个字来概括，即“近大远小、近实远虚”，在造型练习的阶段，主要应用的是近大远小。在美术史上的一幅经典作品《密德哈尼斯的村道》是透视原理近大远小现象的代表作(见图2-5)。以立方体为例，同样方向、长度的边，距离观察者近的在视觉上就比距离观察者远的要长；同样大小的面，距离观察者近的在视觉上就比距离观察者远的面要大，远到极致，就会产生消点(见图2-6)。透彻地理解了方体的焦点透视现象，就可以举一反三应用到其他物体上。

图2-5　密德哈尼斯的村道(荷兰，霍贝玛)

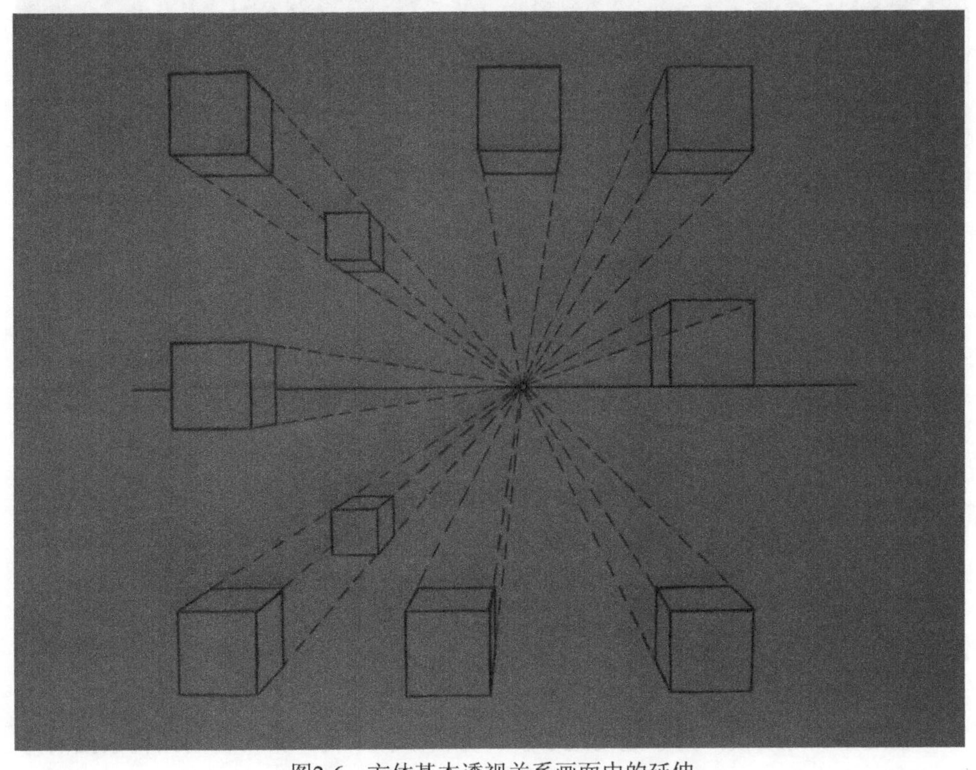

图2-6　方体基本透视关系画面中的延伸

产生消点的数量取决于画者的视角与距离，在我们的素描课程里，画面中常见的透视关系的消点有三种表现形式。第一，一点透视，即形体透视延伸的消点在画面中；第二，两点透视，这是最为常见的，即形体透视延伸的消点在画面外的左右两个方向；第三，三点透视，在视点有较为明显的仰视、俯视的时候会出现三个消点的现象，即除了在画面外的左右两个方向有消点，仰视在画面外的上面有一个向上消失的天点，俯视在画面外的下面有一个向下消失的地点(见图2-7)。

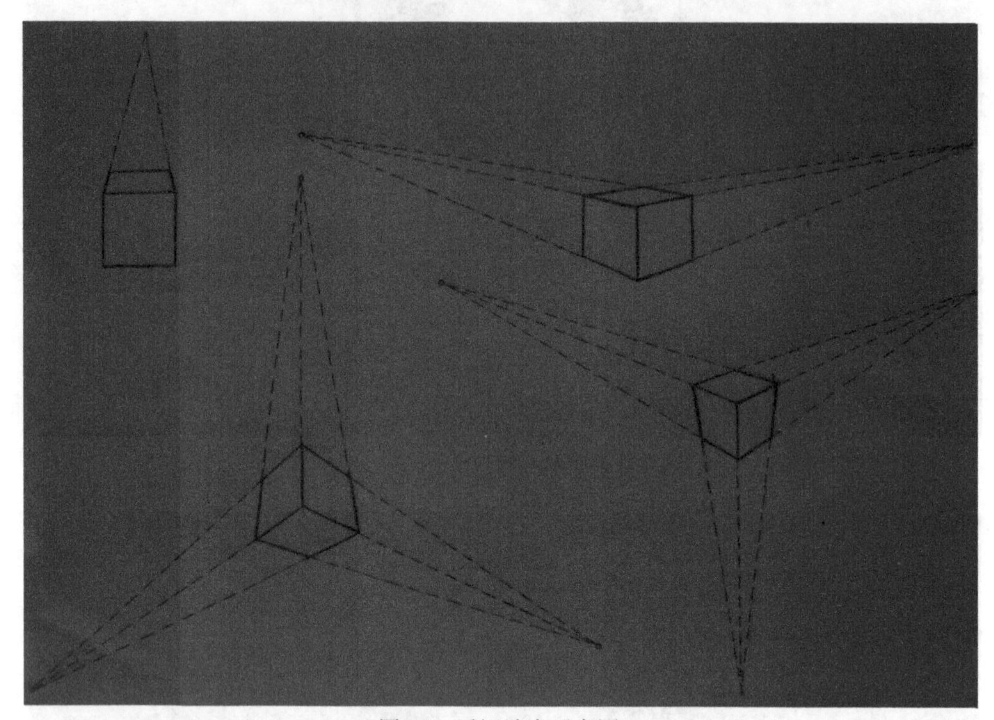

图2-7　透视消点示意图

西方绘画对于透视原理早有研究与应用，远在五百多年前的文艺复兴时期，达·芬奇就曾说过，“透视是绘画的缰和舵”。在素描写生找形的过程中，如果说科学的观察方法决定画面造型的构成，而透视规律则是检验造型准确与否的方法。关于写生过程中透视关系的应用，可以这样归纳，透视关系合理的画面不一定造型完全准确，但是造型准确的画面，透视关系一定是合理的。如此说来，透视关系不是构建画面的方式，而是辅助我们把形画得更准确的方法。

2.2.3　结构素描

在造型训练阶段，为了透彻地了解、分析形体结构，常常会用结构素描的方式进行素描写生。

结构素描在形体结构的表现上逻辑严密、鲜明有力，以线条来表现形体的穿插与构成关系，以线条来学习形体透视原理，尽可能减少光影因素的影响，如图2-8、图2-9所示。

图2-8　结构素描(50×38cm，几何形体写生)

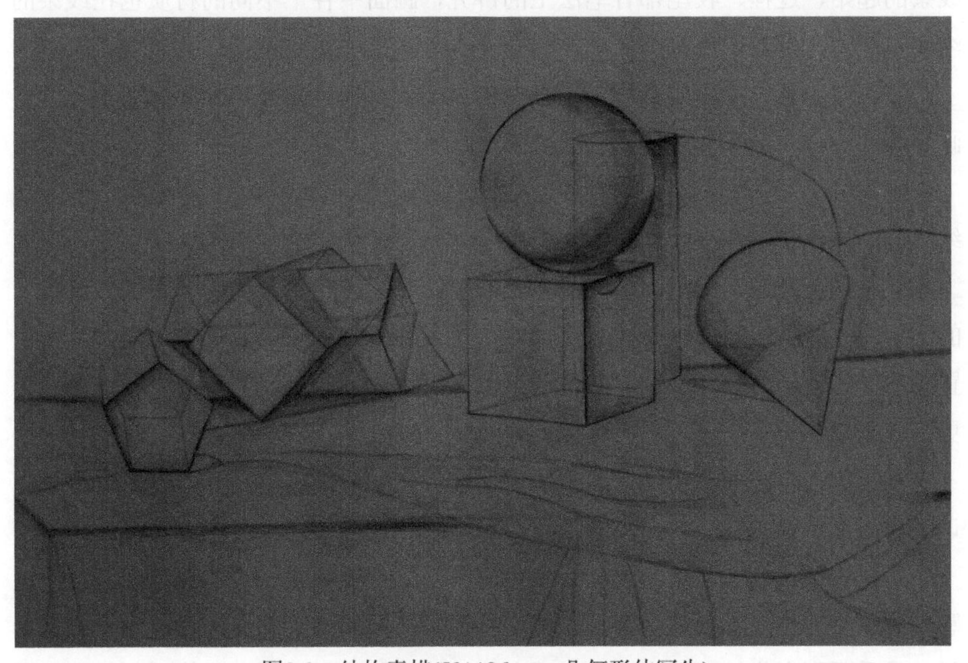

图2-9　结构素描(50×36cm，几何形体写生)

结构素描的画面表现语言可分为两个部分：一部分是看得见的形体，包括写生对象的外轮廓线和内轮廓线；一部分是看不见的结构，指的是形体透视关系和各部分构件衔接的交代。在这里需要强调的是，在结构素描中首先要把看得见的部分画准确，再去表现看不见的部分，原因是写生对象看不见的结构及透视关系是由看得见的内外轮廓线推断而画出来的。

素描绘画的整体能力是需要由全因素素描的方式来培养的，结构素描只是把造型学习阶段从整体的绘画环节中剥离出来，旨在单纯地解决造型准确表现的问题。结构素描的画面语言虽然看似简单，在绘画过程中牵动的观察能力、比较能力以及思考能力却繁复。需要注意的是，初学者容易被绘画形式所吸引，为了画结构而画，忽略了其本质是造型的辅助训练方式。

2.3 线的变化

用线条作为绘画的表现方式，古今中外都不鲜见。

中国传统绘画中的工笔画，就是把线条的表现力发挥到极致，没有光影因素的辅助，工笔绘画题材中的形、结构、质感都是依靠白描线条来表达的，每一根线条的起始、过程、收尾都有笔法上的讲究，画面中各个不同的材质也在线条的浓淡粗细对比中显现，白描之后加渲染就成为淡雅生动的完整画面。

素描属于西方绘画的画种，同样有依靠线条来构建画面的阶段，在上文的作画步骤中，前两个环节都是以线条来表现画面的。

观察和分析写生对象后，我们会发现在形体上根本不存在绝对意义的线，线是面的边，线表示两个面的相交，表示形体的转折。以素描的形式表现在画面上，线是调子的边，线与调子的变化是同步的。线的变化包括明暗上的、虚实上的、粗细上的，线的这些变化着重表现了形体的体积特征以及形体之间的空间位置关系。在深层次的范畴上，线条还可以表现物体各自呈现的质感、外观色彩等更多视觉上的信息。

在完整的全因素素描中，调子可以比作形体的肉，线则是形体的筋骨。只有调子，而不重视线条的存在，则画面结构松散，缺乏节奏和表现力。

讲到表现线条的变化，就要重申观察方法的重要性。科学的观察方法是比较写生对象整体与局部个体的关系。描绘往往是从局部开始下笔的，而单看一个局部，是看不到变化的，因为没有宏观上的比较，缺乏与画面中其他因素相对关系的比较。绘画写生的观察需要把所画的局部放到整体的写生对象中比较，找到其在画面中合适的大小、明暗、空间关系，才能使最终的画面有变化、有节奏、有秩序。同样，表现线条的变化始终是在表现其在整体画面中与其他线条的对比关系(见图2-10)。

对于建筑学专业而言，线条表现力的学习和研究尤其重要，在建筑设计方案中无论是平面、立面、剖面，还是效果图，线条都是主要的表现语言。线条表现力强的画面，能够使图面语言更丰富完整，能够更好地传达设计师的设计理念。

图2-10　以线条为主的室内素描写生(51×37cm，姚双佳)

2.4　调子的表现

调子，在素描作品中是指铅笔以线条排列成块面的方式表现画面因素，是全因素素描中不可或缺的画面语言。调子又称色调，同音乐中的声调有共通之处，其特点在于运用丰富的、有节奏的光影变化表现形体和画面关系。

单纯在画面语言上理解，调子表现的是在一定光线条件下，写生对象的明暗变化。而在更严格的意义上，调子则要全面表现写生对象的结构、体积、空间、色彩、质感等视觉信息，所以说，调子的表现是建立在深入研究并理解写生对象的基础上。

2.4.1 明暗系统

任何在光源下的物体都会有明暗两大系统。写生对象处于一定的光线条件下，会产生受光、背光、投影三个部分。一般把受光部分称为明部系统；背光部分、投影都称为暗部系统；明部系统与暗部系统相交的位置，则称为明暗交界线。

调子的表现一般从明暗交界处开始，首先刻画暗部系统，建立画面中各个物体三维的、立体的关系，然后刻画明部系统细腻而微妙的变化。有一部分需要着重提醒，就是投影的刻画，如果仅仅把投影理解为暗部系统的一部分，形体由于光源照射而产生的影像，就简单了。投影的形状变化反映形体的造型特点，投影的轮廓虚实反映光源的强弱程度，投影的色调变化反映形体的材料质感。再回到宏观上，刻画具体物体的调子时，明暗两大系统要明确，暗部系统中最浅的色调也要比明部系统中最深的色调深。

从任何角度投射的光线，都以其强度、位置关系决定物体的形体感。光源对写生对象的照射角度可以概括为以下三种：①与光源投射方向相同的写生角度，属于顺光，这个角度的写生对象明部多、暗部很少，平面感较强；②与光源投射方向相对的写生角度，属于逆光，这个角度的写生对象暗部占绝大部分，呈现浑厚的体积感；③在顺光与逆光角度中间的位置，看到的写生对象处于侧光状态，暗部与明部较为均衡，物体体积感、空间感都适度，画面因素完整，色调层次丰富。不同强弱程度的光源所产生的画面色调效果有所不同，所以了解光线条件、光源位置是素描画面中调子表现的基础。

总之，在全因素素描中以调子刻画的形体各部分有以下分区：高光、明部中间色调、明暗交界、反光、暗部中间色调、投影。调子表现的基本原则是：整个画面以及画面中的每一物体的黑白灰变化都要有秩序、有节奏、有层次。

2.4.2 主次关系

在用调子来表现光影关系的时候，要注意光源距离带来的变化。以几何形体组合为题材的写生中，一般距离光源较近的形体明暗对比较为强烈，细节显现较为清晰，相对来说，距离光源较远的形体各种画面关系会逐渐弱化(见图2-11)。

在素描写生的深入刻画中，写生对象的空间位置关系要表现得当。画者的观察总是在空间中位置靠前的、突出的、强烈的部分停留时间较长，集中更多的注意力，忽略位置靠后的部分的一些细节。随之，在画面表现上也需要运用繁简法把这种感受体现出来。所谓“繁”，就是对主要部位比次要部位刻画得更具体、更深刻，生动且突出；“简”是对次要部分在大的画面关系下画到一定程度的概括。举个例子，如果我们画一群人，距离我们很近的人，画面中需要把他的头发画成一丝一缕的清晰，而距离我们很远的人，刻画他的头发只需要归纳成片，这就是画面主次关系的控制。

素描写生中，调子塑造的不仅是具体的每一个形体，还要兼顾整体画面的位置关系、光源影响。否则，处处一样平均对待，都刻画得精细实在，会产生繁复疲惫的视觉感受；反之，如果都很简略，刻画不到位，画面就会空泛无物。从这个意义上讲，调子的表现对画面整体面貌又是有战略意义的，对于各种画面关系的表达是非常重要的。

图2-11　几何形体写生(51×38cm，陈思睿)

2.4.3　画面语言

何为画面语言？在画面上表现写生对象的视觉符号即画面语言，在全因素素描中，最为突出的画面语言就是调子。

无基础的同学常常困惑于上调子(画调子)的方法，纠结于排线的方向、线条罗列的层数；而有一些基础的同学又容易只关注上调子的技法，而忽略调子要表现的画面因素。其实，调子的表现是没有固定统一的方法的。“观察”是有画面表现力的调子产生的源泉，通过观察写生对象的细节来确定调子的明暗程度、细腻程度、层次繁简。作为画面构成因素的一部分，调子要服从整个画面的明暗节奏，要表现所刻画物体的质感，要符合画面风格的定位，能够妥当地表现画面因素才是涂调子的根本原则和方法。单纯研究调子的线条构成与排列方法则容易背离画面语言表现的初衷。

以图2-12为例，画面由主体部分的建筑，环境部分的树木、灌木、道路等几种不同形体特征、体量质感的物体构成，针对每一物体的调子有其各自的表现方式。玻璃窗的调子线条构成细密柔和、变化过渡明显，体现了玻璃平滑、反光、折射明显的特点；柏树的调子运用坚实、肯定的短线，依据自然呈现表现针状枝叶和嶙峋的树干，很贴切；灌木的调子是由小叶片不同角度、方向的形状叠压堆积而成，暗部密集，明部疏朗，形态很生动；草地的调子则是以不同方向的短线条刻画小草生长的方向，以不同疏密聚合表现草籽的分布特征，以近大远小的粗细线条表现空间距离。由此可见，素描画面中的调子没有概念的排线方法和固定

图2-12　建筑及景观写生(一年级作品)(52×38cm，石褒曼)

的表现方式。调子的明暗关系、用笔技巧以及呈现的面貌都是从观察出发，由画面因素与题材决定的。

根据画面风格、根据刻画对象的质地特点而构成的调子，除了有黑白灰光影节奏变化的共性，更能表现每一物体所独具的个性，使画面更生动、富有表现力和感染力，更能挖掘、提升习画者的感受能力。

第3章
画面因素分类表现

在完整地掌握了素描写生的各个作画步骤、详尽地介绍了其中各表现环节的绘画要点之后，本章将从画面关系入手，深入了解画面中的构成因素，对体积与空间、材料与质感、画面情境氛围及主次关系逐个分析，并讲授相应的绘画技巧，系统地提升在素描写生范畴内对于整个画面的表现能力。

3.1 体积与空间的表现

3.1.1 概念

从视觉传达专业的大范畴来讲，建筑学区别于其他学科的根本特征，就是对于体积与空间的掌握、创造和表现。建筑学专业所进行的艺术创作归根到底是体积与空间的安排布置，以及在此基础上形成的环境氛围的设计。因此，在作为夯实专业基础的素描课程训练中，体积与空间的表现是画面的要点之一，如图3-1所示。

图3-1 建筑设计图纸(手绘)

体积，从概念上讲是几何学专业术语，是指物质或物体所占空间的大小，是物件占有多少空间的量。依据这个概念，在几何学科中有具体到每一个形状物体的量化计算公式。在视觉表现范畴内，体积是在空间里具有长度、宽度、厚度的三维形象存在。在这个概念中，我们生活的客观世界是由数量众多、形态各异的有体积的物质构成的，薄如一片纸，它是有厚度的方体，细如一根线，它是有厚度的一个圆柱体。对于体积及其概念的认知，是我们表现客观世界的开始。

如果说体积的概念是具体的、微观的，那么空间就是宏观的视觉存在。空间，是物体构成客观世界的一种形式。一切物体都占据一定的范围，即体积。各物体之间都依据距离共处在一定的空间之中。素描写生练习要求准确、生动地反映写生对象的存在形态，这就包含正确反映物体的体积和空间关系。素描画面中体积和空间的塑造，就是借助透视关系、前后位置叠压以及光影变化来表现物体在视觉上的距离和深度。

3.1.2 观察方法

在写生对象既定的取景构图中，体积与空间是以“透视”的视觉现象呈现的。透视现象在全因素素描中包括近大远小、近实远虚两部。近大远小是消点透视，作为造型方法的一种在第2章2.2造型练习中介绍过，是指同样大小的物体在空间中由于距离视点远近的不同产生渐远渐小的现象。近实远虚是空气透视，即由于视觉焦点的作用，在注意观看视距较近的主体物的时候，其他物体随着距离的拉开都显得相对模糊。

依据透视现象，观察方法在相关作画环节上也要有所侧重。近大远小的“小”，是指画面中各个形体同一方向的透视线延伸到一定程度，会消失于一点。这一透视现象主要体现在造型阶段，写生观察的视点要稳定，不要移动或偏离，以保证在各个线条的角度不变、消点位置准确的前提下整体画面造型的准确度。

近实远虚的透视现象主要体现在表现形体这一作画环节上，这个阶段的观察方法是从整体到局部，从局部再回到整体，循环往复地看。在用线条和调子塑造形体时，讲求的是用铅笔描绘出的明暗、粗细、虚实等方面的丰富变化，这些变化就是通过观察发现的。整体观察是指在把握住主体的前提下，把画面中具体物体的明暗、虚实程度理顺秩序，形成有层次的空间关系；局部观察是指在整体观察得出的画面关系中，有节奏地把细节刻画生动。

建筑学专业素描写生的重要目的之一，就是准确、深刻地反映物体的体积与空间关系，换个角度，也可以说要求学生在写生的过程中，三维空间的意识形态先行，指导观察方法，发现画面细节。经过多方位、渐进式的学习，掌握体积与空间构成的一般规律，之后，可以运用空间表现的基本能力，在创作中顺畅地表现头脑中构思的空间形态，如图3-2所示。

图3-2　建筑室内空间(52×38cm，杨华斌)

3.1.3　绘画技法

在素描写生的最初阶段，需要把写生对象的三维空间形象转换成二维画面因素，落实在纸面上。在画面刻画到一定程度，表现写生对象的体积与空间的阶段，就是把画纸上的二维画面因素逐渐塑造呈现三维的视觉状态。素描画面中，通过在这个二维与三维相互转化的过程中借助透视变形、位置重叠、线与调子的明暗虚实变化等因素塑造体积感和空间深度。

虚实变化是全因素素描中体积和空间塑造的基本原则，是近实远虚这一空气透视关系的具体体现。近实远虚中的“实”是指画面中的局部清晰、明确、明暗关系对比强烈。“虚”与“实“是相对并存的，是明暗关系含蓄，细节刻画相对简略的塑造方法。一般来讲，在素描写生的静物摆放中，距离观察视点近的物体较实，距离观察视点远的物体则相对虚；距离光源近的物体较实，距离光源远的物体相对虚。

明暗变化是全因素素描的核心语言，适用在素描写生作品中表现体积和空间。明暗的宏观概念是光线从一定角度投射在物体上所造成的受光与背光两大体系，微观概念是指画面中色调的明度差别。任何一个置于有光空间的物体所呈现的体积与空间关系必然具备明暗要素，由于形体的复杂程度和光线的强弱程度不同，这些明暗变化或丰富或概括或强烈或含蓄。

画面里无论是虚实关系，还是明暗变化，都是相互对比产生的，是层次丰富、逐渐变化的过程。细腻地观察到这些变化，并且围绕形体结构表现出来，三维的体积与空间就会产生在二维的画面中。体积与空间的塑造落实到具体的画面里，是在取景构图、明确画面大关系之后，从虚实关系入手，用2B、3B这样的硬质细颗粒铅笔先刻画最实的局部，强化调子中线的筋骨感，逐渐按层次推进用6B、8B这样的软质粗颗粒铅笔画至最虚的部分，甚至可以用宣纸卷成的擦笔辅助表现最虚的局部。最后加减结合，调整画面大的黑白灰节奏，即明暗关系，如图3-3所示。

图3-3　图书馆东立面(38×35cm，杨丹丹)

3.1.4 思维方式

建筑学专业大学一年级的课程设置中，有一门课是侧重空间思维方式的，即“建筑制图”，这门课与素描课交互并行，能够在一定程度上提高学生对于体积与空间的认知。

按视觉传达艺术归类，其中大部分专业的思维与创作是停留在一个角度上的，单纯一个角度的三维空间因素是有一定局限性的。建筑制图课程以建筑设计语言模式为载体，引导学生以平面、立面、剖面、鸟瞰以及效果图的全方位空间方式表达同一对象，并且以这种表达方式为基础建立起体积与空间的思维方式。建筑设计图纸中的鸟瞰图在空间中是俯视视角，立面图是侧面水平视角，平面图和剖面图分别是剖切房屋后的俯视视角及水平视角。这种在空间中转换视点表现建筑设计方案的方式对于素描写生是积极有益的。

体积与空间的思维方式具体到素描写生的作画过程中，要求在前期取景构图阶段前后左右全方位地观察写生对象，这是选取写生角度的过程，也是了解写生对象的方式。在这个观察的过程中，要掌握各个物体之间的空间距离关系、每一个物体占据的三维空间尺度，这样无论是最后定位在哪个角度写生，都能够在头脑中建立起一个具体的体积与空间概念，在写生的观察环节就能够发现表现体积与空间的细节，运用画面因素表现起来也会更加充分和生动，如图3-4所示。

图3-4　走廊端头(53×38cm，宋晓一)

在素描写生的任一角度，体积与空间的呈现更多的是前后叠压关系，只有通过全方位的观察才能确切地发现具体的空间距离尺度，才能最后在画面细节表现上更有针对性。由此可见，素描写生的逻辑环节是这样的：观察—理解—画面表现，我们可以在这样的逻辑顺序上更好地解决体积与空间的表现问题。

素描是一切造型艺术的基础，体积与空间的意识形态就是在素描写生的过程中反复淬炼出来的，以空间思维引导画面的构建，以画面的深入刻画促进空间思维模式的形成。

3.1.5 范例

下文将以学生习作为例，讲解体积与空间中画面的具体构建方法。

图3-5为室内场景素描写生，题材是教学楼的走廊，走廊中有画室和专业教室，所以学生每天都要走过这条走廊。

图3-5 廊道写生(52×38cm，塔拉)

生活中的熟悉不等同于观察上的熟悉，在落笔之前要让学生仔细观察一遍写生场景，包括以数地砖的方式测算走廊的长度与宽度，度量地砖与顶棚石膏板的尺寸，落实清楚教室门板的装饰构造，研究包括铺地砖、吊顶棚、门、灯等各处细节的施工方式。

这个角度对于体积和空间表现的要点是透视关系。

首先，在找形阶段涉及的是透视关系中的近大远小。取景的画面中呈现的是一点透视，在建立起包括顶棚、墙壁、地面在内的走廊整体构架之后，需要把写生观察与近大远小的消点透视原理相结合，具体落实到距离渐远的地砖、教室门和石膏板的位置。

其次，在画面深入刻画阶段涉及的是透视关系中的近实远虚。走廊从近到远的物体构成都是一样的，相对远处，近处的刻画需要更丰富的笔墨、更生动的视觉效果。从画面中可以看到近处门口金属的质感、玻璃的质感刻画是相当生动的，光洁的大理石地面反光表现得细腻有加，棚顶的施工细节交代得也很清楚明白。这个程度的近景刻画一下就把空间拉出来了。远处渐行渐远，细节也随之渐渐减弱。

严谨的造型依托透视关系表现出走廊的空间尺度，同时调子变化细腻，刻画详略有度、由近及远，进一步表现走廊的空间变化。

3.2 材料与质感的表现

3.2.1 概念

质感，即物体表面材料的质地所呈现的视觉感受。在素描写生中，每一个具体的写生对象都有其独特的材料属性，而不同材料的质地所呈现的视觉感受也各有不同，质感与造型特点、体积空间共同表现物体的个性存在。所以，素描写生中的材料与质感表现是画面构成的要点之一。

如果说体积与空间是所有物质的共性，那么材料质感的呈现就是个性。不同的材料本身具有不同的特征，不同的材料应用在不同的环境也会有不同的视觉表现力，由此可见，质感的画面表现在观察与刻画上都是细腻比照的实践过程。

对于质感的认识，是人们长期视觉和触觉的协调实践所积累的经验的一种反映。质感从来不是大的光影变化、大的转折起伏，而是构成物体的各种小细节，不同物质构成形式的写生对象对于光源、环境的反应是各不相同的。质感的发掘主要基于细心的观察。相应地，对于质感的表达，需要的是具体细节的堆砌性描绘。

3.2.2 思维方式

质感的生动表现，是提升视觉表现力及画面感染力的重要因素。从无到有、从无下手去画到得心应手地刻画是需要一定的方式方法的。概括地讲，素描写生中的质感表现同样要遵循写生过程的一般逻辑环节：观察—理解—表现。

首先，观察是质感表现的基础。视觉对物体的认识是依赖物体的表象判断的。不同质地的物体对于形、光、色的变化不同，我们的视觉就是根据这些变化与规律接收不同的质感信息。基于发现质感的观察相对于造型特点和体积空间的观察要复杂得多。从光源条件分析，物体因其分子结构不同，对于光线的吸收和反射也有较大差异，细腻的质地对于光线的反射明显，粗糙的质地对于光线的吸收较强；从环境条件来讲，相对光洁的物体表面则会更多地反映包括形象、色彩在内的环境因素，质地通透的物质会通过环境因素不同程度地表现自身的质感特征。

其次，要通过观察捕捉到的视觉信息在画面因素的层面上理解分类。有些细节是侧重交代形体结构的，有些细节是侧重表现体积空间的，而在画面深入刻画的过程中更多的细节是表现材料质感的。写生的过程中落笔要言之有物，有明确的塑造画面因素的落脚点，所以在整体的视觉信息中要归纳、提炼出有利于质感表现的部分，运用不同的笔触构成画面表现语言，完整地传达写生对象的质感。

全因素素描写生是从不同角度研究、表现画面因素的过程，其中物体的质感主要通过线条、笔触和色调的对比变化来表现。画面中的质感表现要遵循从前到后、从主要到次要的表现程度变化，否则，处处都刻画得精彩也会影响整体画面关系，削弱整体的画面表现力。

此外，提升素描作品质感表现能力的方法还有临摹式的学习，即在素描课程的设置中，以写生为主，穿插临摹经典范画，借此来学习优秀作品中各种不同质感的素描表现方式。经过临摹的再度写生，在作画过程中将体会到刻画深度有拓展，在画面刻画能力上会有明显的提升。

3.2.3 玻璃、不锈钢、石材

1. 玻璃

玻璃是生活中最为常见的一种物质，其最大的视觉特征是透明。无论是有色还是无色，盛装液体还是空着，玻璃制品都会呈现一定程度上的透明。

下文以课程设置中涉及的玻璃容器和玻璃窗两类玻璃制品为例，讲解其质感的素描画面表现要点。

常见的玻璃容器有玻璃杯、玻璃花瓶(见图3-6)。与一般质地细密的物体一样，玻璃容器对于光的影响较为敏感。在光源的照射下会产生受光部分最亮的局部，称之为高光；光源经过投射，在背光部分还会出现反射，即反光。所处的光环境越复杂，玻璃容器上出现的光反射局部就会越多。

通透是玻璃容器最为明显的特点，在刻画的时候，形体轮廓线之外要表现环境，轮廓线以内则要表现透过玻璃容器看到的环境。由于玻璃容器并非单层，加上随着结构变化的厚度不均，透过来的环境多为变形的状态。造型准确、明暗有度地表现是玻璃通透质感塑造的关键。

玻璃容器的投影是质感表现的重要组成部分。不同于其他质感物体的投影，玻璃容器的投影变化非常丰富，包括背光的成分、透光的成分和物体透明造成的边缘局部虚化，如图3-6所示。

图3-6　静物写生·玻璃容器(36×20cm，李治伯)

建筑学专业最常接触的玻璃制品是平板玻璃形式。在室内空间，玻璃多以窗口的构造形式出现，几乎所有的建筑空间都有玻璃窗的存在，在室外空间，则多为玻璃幕墙。在视觉感受上，建筑中的平板玻璃分为通透度较高的白玻璃和反射率较高的有色玻璃两种，两种玻璃在刻画要点上有所不同。

建筑平板玻璃在素描写生中，鲜见玻璃容器具备的多角度高光和反光，呈现的视觉特征一般为通透和反映环境两种。白玻璃通透的特点表现起来较为容易，把透过玻璃可见的建筑空间环境客观地表现出来，刻画程度上略微虚化即可。有色玻璃的特点是反映其所在的环境，其周围的植物、建筑物、人等因素反映到玻璃上是变形形象的状态。画面表现的关键是在玻璃大色调的范围内表现意象的环境，如图3-7所示。

图3-7 玻璃幕墙建筑小品(30×20cm，杨丹丹)

2. 不锈钢

不锈钢的质地也会出现在现代建筑设计的语言语汇里，它灰色调的光泽、爽利的质感在建筑中营造别样的环境感受。与玻璃相比，不锈钢具有不透光、高反射的特点，这是由它的表面极其光洁造成的，对周围存在的光和物质形成的环境，甚至是作画的人都能被反映出来。由于不锈钢制品的表面造型变化，反映的环境会有不同程度的变形。

刻画不锈钢质感物体的时候，在明确形体及结构之后，需要准确地标示出反光、反映环境的位置，在深入刻画环节要把反映出的细节结合整体的明暗关系进行塑造。刻画的过程中要保持一个度，细节要服从不锈钢清晰、肯定的形体结构。总体来说，不锈钢质感的物体的整体刻画要具有肯定、明确的风格，需要2B、3B这样的硬质铅笔来完成。

不锈钢质感表现是金属类物质质感表现的一种，学习掌握之后，这一类的质感表现都是举一反三的。

图3-8、图3-9是建筑环境中不锈钢质感构件的素描写生作品，画面细节具体、细腻，呈现了良好的视觉效果。图3-8的画面主体是不锈钢质感的门把手，背景是漆面的金属门板。图3-9的画面主体是不锈钢电梯门。这两幅画刻画过程都是首先明确形体结构，清晰内外轮廓线，在此基础上把附属在形体结构上的光源变化和环境因素理顺成大的明暗变化，不锈钢的质感就会呈现在画面中。

图3-8　质感表现(38×26.5cm，曹明明)

图3-9　电梯间(52×38cm，刘晓桐)

3. 石材

建筑环境中最主要的构建成分是石材，砌筑会用到砖瓦，外立面装饰会用到大理石、花岗岩等，内部装修用到石材质感的装饰材料更广泛。不同石材质感的表现是需要了解并掌握的绘画语言。

建筑中石材的颜色和质地千差万别，颜色的差异在素描画面中是比较容易表现的，运用铅笔表现出不同明度的色调即可。石材从质地上可以大体划分为粗糙和细腻两类，一般建筑外墙的选材较为粗糙，建筑内部装饰则会选用较为细腻的石材。

在表现不同的石材时，从铅笔的选择出发，粗糙的石材可以选择6B这样的粗颗粒铅笔，绘画过程中还可以在画纸相应局部的下面垫上如砂纸、麻布等粗糙的底子，表达粗糙质感。表现质地细腻的石材要选择2B这样的硬质铅笔，耐心地刻画出光影、环境折射在地面上的影像，从细节上表现细腻的质感，如图3-10所示。

图3-10　大理石地面(36×20cm，宋晓一)

建筑设计是大体量、大空间的设计，受其功能用途、材料语言所限，一般不会有太过烦琐的细节，限于整体城市规划的安排，也不会有太过丰富的色彩，所以建筑材料的质感是设计作品艺术感染力主要的表现途径之一。在作为专业基础的素描课程里，应着力调动学生对于材料质感全方位的观察能力、感受能力，并在素描写生过程中不断提高质感的画面表现能力，从而奠定设计表现的基础。

3.3　情境氛围的表现

古今中外，文学、影视等艺术形式都在运用各自的语言搭建故事情节，营造情境氛围。建筑艺术有异曲同工之处，是在用客观存在的实体元素创造情境氛围。情境氛围是艺术表现的开始，通过具体的艺术加工、严谨的艺术创作，最终要达到制景造境的效果。

情境是指在一定时间内各种情况或相对或结合而形成的场景氛围，是围绕或归属特定根源的、有特色的、高度个体化的气氛。情境氛围在绘画的范畴里可以理解为一种画面格调，在建筑学专业中可以理解为空间气场。

3.3.1 构成元素

如果说情境氛围是抽象的概念，那么形成它的画面、建筑空间就是具象的存在，如图3-11所示。

图3-11　柱头(52×38cm，付磊)

素描写生中情境氛围是围绕观察和感受而形成的。面对预设的写生对象，画者首先会有一个基于整体观察之后的感受，观察到的每一个细节可以比喻成点，感受就是所有点集合成的面。绘画的过程就是把写生对象引发的第一感受落实到观察的细节里，表现到具体的画面中，经过逐步的作画环节，刻画形成画面，画面最后表现的其实还是最初感受到的那个情境氛围。情境氛围是素描写生的最初感受，也是最终结果。

素描训练，最终是使习画者通过学习具备从客观对象上捕捉感受的能力，同时能够将自己的感受通过形体特征细节表现出来。构图、透视、线条、调子、体积、空间、质感、色彩等诸多画面表现因素和手段都是为了表达感受而服务的。

建筑设计中的情境氛围是基于艺术经验的积累。在写生训练的过程中，锻炼习画者的观察能力与感受能力，并与表现能力形成逻辑链条式的关系。这些能力的交互思考与实践最终将提高对于情境氛围的整体把控能力。

对于情境氛围的感受能力和表现能力，是在写生过程中发掘、锻炼出来的，最终要应用到艺术创作中去。

归属于艺术创作范畴的建筑设计，与写生不同，其情境氛围构建是有个人经历及主观情感因素在里面的。创作的源泉是要构建抽象的情境氛围，创作的过程是用具体的建筑与景观的造型、体量、质感元素有机地搭建成空间环境，形成创作初衷的视觉感受。

建筑设计的根本就是运用建筑空间及其相关的艺术景观创造一种意境、营造一种氛围。建筑设计作品，在视觉上是建筑材料的构建组合，而本质上则是建筑空间所形成的情境氛围的设计。

3.3.2 能力要求

素描写生是要培养学生基础的情境氛围构建能力。建筑设计则是经过基础训练后以情境氛围为核心的艺术表现力的呈现。

包括平面绘画和建筑空间设计在内的艺术创作，在锻炼各种能力、产出艺术作品的同时，是自我寻找和发现的过程，也可以说是在学习艺术规律的共性中，发现个性。

敏锐的观察能力、宏观的感受能力、具体的画面刻画能力、牵动个人经验的审美能力，以及联动所有的逻辑思维能力是情境氛围表现的基础。上述各种能力在素描写生训练中只能部分得到提升，更长远的提升则需要在漫长的艺术创作道路上摸索、总结、升华。

第4章

建筑空间写生

素描学习到了这一阶段，我们已经掌握了从细节刻画表现到画面调整塑造的一系列绘画技法，具备了一般意义上的素描写生能力，可以通过素描语言表达个人感受，描绘写生对象，构建完整的画面。

素描因其解决画面问题直接单纯的特点成为所有视觉传达类艺术专业的基础课。由于各个专业涉猎的领域不同，素描基础课的教学内容和侧重点也有所区别。本章将进入与建筑学专业衔接的素描写生训练，可以结合“建筑构造”“住宅设计原理”“外国建筑史”等课程学习，在进行以建筑构件、建筑内部空间为题材的素描写生的同时，可以更深入地了解建筑结构。

4.1　建筑构件写生

4.1.1　概念

建筑构件是指构成建筑物的各个构筑要素。如果把建筑物看成一个产品，那么建筑构件就是这个产品当中的零件。建筑构件中直观可见的主要有：楼(屋)面、墙体、窗、楼梯、柱子等。

上述概念中提及的可见建筑构件就是这一阶段素描写生的取材范围。这个阶段的素描课程以建筑局部构件为题材，旨在通过素描写生的观察、表现环节，了解建筑结构的来龙去脉，感受建筑的空间尺度，进一步夯实绘画能力，提升建筑及相关设计元素的画面表现能力。

4.1.2　取景

建筑题材写生的取景是由确定视点开始的。由于人与建筑的空间关系，观察视点一般都是处于仰视的角度，所以透视消点会相对静物写生多一个天点，即向上消失至天际方向的点。

建筑题材的绘画作品同其他艺术作品一样，需要视觉感染力。这个感染力源自画面题材，在画面关系的塑造中升华。建筑环境中有许多局部可以框选，比如窗、门、廊道、楼梯。取景的时候要注意以下三个重点。

第一，画面中刻画的各物体要有主次关系。以建筑构件为题材的素描写生构图可以分为两类：一类是建筑构件局部取景，这样的构图有利于细节的深入刻画表现；另一类是建筑构件为画面建筑空间的组成部分，这样的构图有利于清楚地交代构件与建筑的功能性联系。场景写生所涉及的空间面积相对大，切忌给人什么都想表达的盲目感觉，要有突出表达的主题，有详略得当的主次关系，这样才能通过细节变化更好地表现空间尺度。在画面构图中主要表达的物体要占画面中比较大的面积，处于相对中心的位置，刻画的笔墨也要更多。

第二，对于建筑构件结构要有准确的表现。准确表现刻画对象的基础是细致的观察和详尽的了解。观察，是素描写生贯穿始终的要求；而了解，就需要参考“建筑构造”“住宅设计原理”等相关课程的资料。建筑学专业的绘画有别于其他专业方向，画面在具备艺术表现力的同时，还要准确，造型比例、结构衔接交代、细节刻画都要严谨客观。素描写生中培养的画面风格，有助于在建筑设计方案中更准确地表达设计理念。

第三，画面中要有明确的黑白灰关系。这里所说的黑白灰关系包括两个方面：一方面是针对整个画面的；另一方面是针对主次关系中主要物体的。建筑场景写生中涉及物体的数量繁多、质感复杂，如果黑白灰关系不明确，画面就会粘成一团，影响主次关系、空间关系的表达，扰乱画面节奏，还会显得“脏”，所以在整个画面中黑白灰的变化要有逻辑秩序。画面涉及的场景中有要突出表现的建筑构件，其与周围的空间环境存在一定的主次关系，所以在主要物体及周围环境的黑白灰关系处理上要有明确的对比关系。需要强调的是，黑白灰是一个概念性的词汇，是指素描画面的色调变化层次，包含的色阶是很丰富的，不止黑白灰三个色调，有十几个色阶甚至更多。

4.1.3 质感

建筑材料的质感是建筑环境风格形成的重要因素，也是画面呈现精彩的重要细节。

在建筑与景观构成的空间环境中，不同的材料质感营造的氛围有所不同，不同质感的搭配对比也会产生不同的视觉效果。建筑空间环境中，木质为主的舒适、古朴，石材为主的大气、精简，金属为主的现代、时尚，质感在建筑设计视觉感染力的表现上起着重要的作用。

在素描写生环节，质感的准确表现是建立在严谨的观察和理解的基础上的。每一张画所表现的建筑构件、每一个场景的质感构成都各不相同，写生过程中需要把已经掌握的物体质感表现的绘画技法与建筑结构的合理性结合起来，完整地表现建筑构件。

4.1.4 题材分类

建筑构件写生作品涉及题材广泛，构件是画面中主要表现的部分，可以单独刻画，也可以作为空间场景中的主体来表现。

图4-1是窗口的素描写生作品，窗有多种形式，如木窗、塑钢窗、老虎窗、百叶窗等，对于窗的描绘需要重视窗口造型的透视关系和玻璃的通透特点。

图4-1　画室窗口写生(52×28cm，刘彦晨)

图4-1中以窗口为主的场景是典型的北方建筑室内环境，一般窗口下都是散热片及相关管线。画面中的窗口是塑钢窗。塑钢窗是以钢材为内衬框架，外框以聚氯乙烯(也被称为PVC)树脂为主要原料，加上一定比例的稳定剂、着色剂、填充剂、紫外线吸收剂等，经挤出成型材制作窗口，内附玻璃而成。画面中从构图到刻画，主次关系明确、建筑构件结构交代得清晰细腻。

图4-2是门的素描写生作品，生活中常见的门有木门、铁门、玻璃门等。一般建筑空间里门的表现主要注意三点：一是注重门在关闭或开启状态下的造型透视关系；二是门的材料质感；三是门的功能结构。

图4-2是学校图书馆的大门，门的材质是玻璃，与门楣上的玻璃幕墙合为一体。图书馆是公共建筑，为学校师生提供日常服务，在每周的开放日向社会开放。大门除了缓步的台阶外，还在侧面设计修建了残疾人坡道，供轮椅出入。

图4-2　图书馆大门(52×32cm，周璐鑫)

图4-3是建筑室内楼梯的素描写生作品。楼梯在建筑功能上起着竖向连接各楼层的交通枢纽作用，在设计中往往是重点部位。楼梯的主要构件有楼梯板、踢面、踏面和扶手。这幅写生作品中的楼梯是最为常见的两跑楼梯，水磨石质地踢面，不锈钢扶手。画面中透视关系准确，结构清晰，建筑材料质感刻画生动。

图4-3　楼梯(52×38cm，葛叁)

图4-4是建筑中下水管的一段局部。在建筑室内空间会沿墙边走一些管线，包括供暖管线、上水管线、下水管线、装修电线穿线管等。这幅素描写生作品截选了下水管的一部分，下水管是各类管线中直径最粗的，而且在每一层都会有图中所画的维修口，在管道堵塞的时候可以拆卸维修。画面取景突出特征，以维修口为刻画重点，各部分结构表现清晰。

图4-5是建筑廊道上的局部小景——景观灯。建筑是体量庞大的艺术品，从功能需求出发，结构上以宽敞流畅为主，装饰性的体现是以节点带面的形式，这

个成段落分布的景观灯就是这种装饰性的代表。细腻的金属铸造的灯体与石材栏杆相应而生，形成很好的质感对比。两者在造型上风格协调，呈现20世纪初欧式建筑的典型风格。

图4-6是建筑立面墙上的窗口，是典型的欧式建筑，强化装饰性，结构复杂，窗口装饰元素丰富。画面从取景构图到画面素描语言表现很好地呈现了建筑典雅的风格样式。

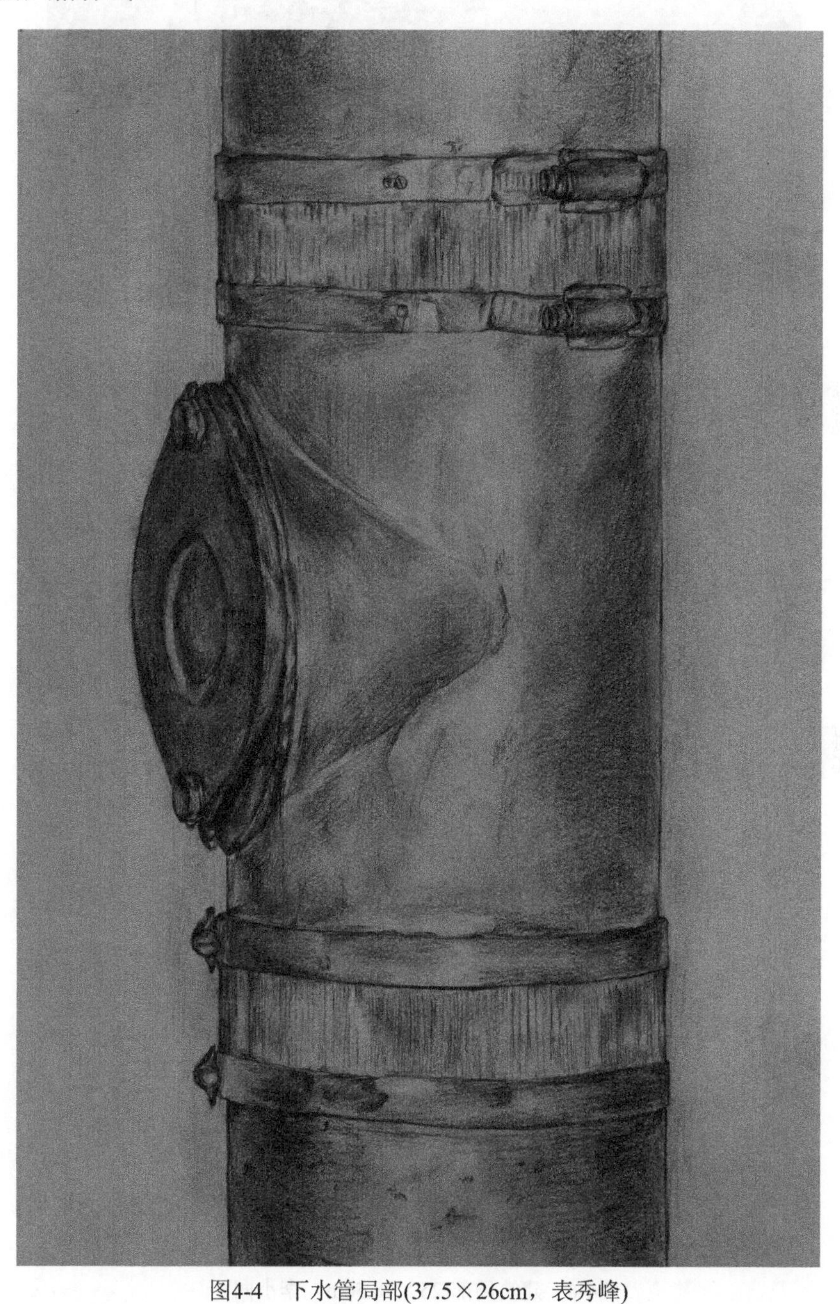

图4-4　下水管局部(37.5×26cm，表秀峰)

图4-5　柱廊局部(29.5×26cm，王弘毅)

图4-6　建筑局部(25×18.5cm，李小同)

4.2 建筑内部空间写生

4.2.1 空间的概念

建筑空间是由大的墙面、地面、顶棚和建筑局部构件组合而成的。本章前文介绍了部分建筑构件的写生要点，下文要将其整合成整体空间模式进行建筑内部空间写生。

空间是物质存在的一种客观形式，通过具体的长度、宽度、高度表现出来。建筑是体量式的空间构成，建筑设计的本质就是体积与空间的设计。

每一个功能性的建筑均可分为内部空间与外部空间两种。内部空间是人类活动的主要场所。建筑外部空间设计的是其体积形态；建筑内部空间设计的是环境氛围。以日常生活中常见的建筑单体空间为例，进深、开间、层高，多一寸少一尺，构成的空间尺度及比例变化都会给人不同的心理感受。

空间感受的能力、空间想象的能力、空间表现的能力对于建筑师的职业能力是至关重要的。我们从最基础的素描训练开始，建立在空间中观察、思考、感受、表达的习惯。

4.2.2 空间表现的意义

从事建筑设计这种视觉传达类的专业，最终目的是把自己的创作意图、设计理念落实在媒介上，用视觉语言符号传达给观者。我们首先要具备能够把感受到、观察到的东西准确地表达出来的图形表现能力，然后根据物体构成的一般规律、运用图形表现能力来表现自己的内心感受及创作理念。

基于体积与空间创作、表现的建筑学专业，需要把从再现空间到表现空间的思路具体到素描基础训练中。在素描写生过程中，要做到准确地表现写生对象的空间尺度、体积分量，在接下来的设计中运用这一表现能力准确地传达头脑中的体积空间尺度及其组合，如图4-7所示。

空间表现能力培养完成的标准是，在头脑中建立起建筑体量与环境完整的三维方案，接下来能够从不同的视角拆分，以图面形式清楚地表述出来。空间表现能力的培养是全方位的，需要在空间中筛选视点的角度，反复比较确定表现的内容。所以，一般建筑设计图纸的剖面图都会选择楼梯、跃层的位置，效果图则会选择包括主入口在内的立面来表现。

素描写生课程作为空间表现能力培养的一种方式，从画几何形体开始，再画静物和建筑构件，延展至建筑空间题材，旨在逐渐拓展对于空间的认识程度和表现能力。

图4-7　建筑内部空间素描写生(42×36cm，杨丹丹)

4.2.3　空间的语言

建筑空间的基本构成是长度、宽度、高度。在这个大的空间体量内还有其他构成因素，比如空间中小体块的穿插、套叠。

每一种形式的建筑体块都有自身独特的视觉表现力。正方体的稳重、长方体的流场、圆柱体的现代感、球体的私密性……这些体块有机结合在一起又会迸发新的表现力。空间构成形式是多样的，可以是加法，比如多个空间的连通、叠加；可以是减法，比如局部挖空再现另外空间；可以是镂空，构成空间的这个面是重装饰的，比如20世纪80年代很多的建筑立面构成；也可以是任何形式的软隔断。

质感是空间构成的重要因素，让建筑环境更具感染力。构成空间体块的材质不是一成不变的，随着科学技术的发展，更新颖、更适用的建筑材料日益涌现。施工技术的创新使材料成为建筑本体的表现语言。建筑空间的构成材质可以是反射材料，如镜面、不锈钢等；可以是天然材质，如竹、木等；可以是瓦片、砖石等旧建筑材料的迁移与重构；也可以像清水混凝土的应用一样使原有建筑材料呈现新面貌。

建筑材料形成的体量空间是静止的，光线、水、风就是萦绕在空间中律动的环境元素。建筑空间在自然光或灯光的光线条件下，其形、光、色的变化不同，并有一定的规律，而视觉是根据这些变化与规律，接收不同的环境信息。安藤忠雄设计的教堂系列作品就是把自然界的光、风、水纳入建筑设计元素中，形成空间语言的拓展与重构。

素描基础课是以建筑室内空间为题材，以取景构图、建立画面、完整呈现空间情境氛围为主线，培养学生对于空间环境的感受能力，同时提高针对其的塑造能力，如图4-8所示。

如果说建筑外部代表形象气质，那么建筑内部空间则是内涵和底蕴。建筑内部空间的构成有一定的专业性，也具有较强的艺术表现潜力。我们需要在素描写生中体会蕴含其中的创造力，反向提升自身的空间创作能力。

图4-8　室内场景写生(48×36cm，侯欣宇)

第5章
比例逆向训练

建筑物相对于个体的人来说，是庞大体量的空间存在。在建筑面积的衡量上我们常常会以人的生活尺度为参照。在建筑设计效果图的构成因素中，人是必不可少的参照物，这是以人为本最原始的建筑比例概念。

建筑学专业的学生从接触专业课程开始，“比例”就如影随形地贯穿在整个学习过程中。在低年级的学习阶段，“比例”这个词最先出现在两门课程中，一是“建筑美术”，二是“建筑制图”。概括地说，绘画中的比例可以理解为视觉比例，制图中的比例可以理解为数字比例。视觉比例和数字比例在本质上都是一种思维的空间形式转换，是在实物与纸媒之间建立的交流方法。

视觉比例，在基础训练的素描、色彩课程以及建筑设计方案的效果图表现中通常会有所涉及。视觉比例是指依靠画者的观察，来判断视线中形体之间、形体自身各部分在二维长宽高和三维体量大小上的视觉差异，并没有具体数字的约束，实现在画纸上依靠的是眼睛的观察和取景构图的需要。

数字比例，在建筑设计的相关图纸中经常会被应用到，绘图时严格遵循数字的换算来表述设计图纸与建筑实体之间的关系，借助比例尺的刻度与电脑制图软件中的数据设定来实现，如1∶100、1∶200等。

无论是在写生环节，还是在设计环节，我们表现在画纸上的形象，都是与实际存在有大小、比例上的差异的。这种差异如果运用得好，就能准确、生动地表现空间体量、结构形式以及材料质感；如果运用得不好，则会在视觉传达上产生障碍与误解，使得图面呈现的感受与实际空间感受有较大的差异。为此，以下两个课题就是针对比例逆向思维转化而设置的，目的是使学生通过学习透彻地理解比例相关的画面意义和思考方式。

5.1 大物体缩小比例的写生

5.1.1 教学目的

大物体缩小比例的素描写生题材选择的是比较大的建筑场景，从实际建筑面积到环境所处的体积空间都很大，而表现的载体相对尺寸很小，是十六开的画纸。这一课题写生的根本目的是提升学生建筑效果图的表现能力。

对于建筑学专业而言，实际设计中在图纸上表现的是较大体量的建筑物、较大场景的景观，图纸的效果图部分通常会出现两个方面的问题。第一，对于庞大建筑物并没有表现出足够的体量感，景观环境所展现的空间尺度不足；第二，视觉效果较好的效果图，与实际施工完成的建筑实体在视觉感受上有较大的差异，显得过于单调或过于繁复。大物体缩小比例的写生目的就是在画纸与表现对象之间建立起思维的桥梁，培养思考的方法，解决以上两个方面的问题。

首先，要解决的是在素描写生中建筑体量表现的问题。建筑空间环境相对静物、人物来说，是大尺度、大体量的写生对象。按照绘画一般规律，越是大的物体在透视关系上表现越明显，在视觉上的细节内容就越丰富。素描写生在小的画纸上进行，是几百倍，甚至几千倍缩小比例。大体量写生对象缩小比例后，在画纸上不显得小，能够保留原有的空间体积与气势，是大物体缩小比例写生的重点。

其次，素描写生过程中具备能够在小幅画面呈现大体量环境空间的能力，在建筑设计环节，用效果图饱满地表现建筑空间尺度的问题就会迎刃而解。在建筑设计图纸中，平面图、立面图、剖面图描述的都是绘图形式的数字比例，效果图表现的则是实际场景的视觉比例。

5.1.2 写生要点

大物体缩小比例练习从写生与设计两个方面入手，培养两个方向上不同的能力。

在写生方面，小纸张上表现大物体需要把握以下三个画面关键因素。

第一，需要在透视关系上反复推敲。写生落笔之初要明确观察视点的位置，以及从该视点水平延伸出去所形成的画面透视关系，无论是一点透视、两点透视，还是三点透视都要确定透视消点的位置。

第二，需要适当地在画面中增设空间尺度相关的对比因素。比如行人、车辆、树木这些在日常生活中人们有尺度概念的参照物。有了参照物，在建筑物附近、在景观之中，通过对比会呈现视觉比例上的差异，大体量的空间概念就会在画面中建立，环境氛围就出来了。

第三，需要丰富的细节充实画面。在生活中各种物体的体量大小不同，细节承载的信息量就不同，小物体受体积和面积所限细节相对少，相对来说，大物体必定在细节上更丰富。画纸虽小，在深入刻画阶段，切忌俭省细节，特别是形体转折明显、光源影响较大的部分，一定要充分刻画出形体结构和体积空间方面的细节，如图5-1、图5-2所示。

图5-1　大物体缩小比例写生(26×19.5cm，塔拉)

图5-2　大物体缩小比例写生(26×17cm，任宇佳)

5.1.3 对建筑设计的影响

在建筑设计方案中，画面表现的基础是建筑空间环境在头脑中的设计与建立，简单地说，建筑设计效果图是创作设计理念的图面显现。小纸张上表现大物体需要注意以下关键点。

第一，建筑设计与建筑表现之间逻辑思维的建立。在建筑方案设计的过程中，首先要在头脑中建立起基地样貌及建筑的直观形象，这个直观的形象是原始形象，没有比例缩放。建筑设计图纸是把头脑中直观的建筑形象缩小比例，平面图、立面图、剖面图是在细化这个形象，效果图则是在表现设计直观效果。建筑设计方案与图纸之间是创作与表现、原始比例与缩小比例的关系。

第二，建筑设计效果图是写生经验的积累。如果没有关于建筑物观察与表现方面经验的积累，那么在表现头脑中设计理念的时候将会出现画面表现因素匮乏的状况。建筑及景观环境的写生，是对于体量与空间视觉语言画面表现的积累，大范围、长时间的积累对于建筑设计的创作与表现是有积极意义的。

第三，建筑效果图表现的过程中，思维方式要在缩小比例后的图纸与实际体量的建筑之间往复转换。现实中会出现建筑设计图纸呈现的面貌与建筑落成的样子不吻合的情况，发生这种情况的原因是思维没有跟随"比例"的转换而转换。

建筑师落实在画面上的建筑效果图是实际建筑成百倍或千倍比例缩小后的视觉效果。在建筑设计过程中，建筑设计师需要在两种媒介上切换，一种是图纸上的建筑环境画面效果，另一种是头脑中建筑体量空间氛围。从这个意义来讲，对于建筑设计的表现也好、评判也罢，不能只停留在建筑设计图纸的画面效果上，因为其表现的是实际尺度的建筑体量。

建筑师在创作过程中，思考的应该是在生活空间中原比例的建筑体量。如果思考停留在方寸图面，虽然一时视觉效果不错，但是放大千百倍之后，实体建筑落成，其真实的视觉效果与图纸中的效果图之间会有很大的差异。图纸上饱满的细节，在实体建筑上会被稀释；图纸上小的体块关系，在实体建筑上会成为放大的空间距离。因此，刻画可以是小比例的，但对于结构的思考、细节的推敲应该是建立在大体量、大空间中的。

5.1.4 学习的意义

在写生中再现、在效果图中表现大的体量建筑与大的空间尺度，并且在小画纸与大物体之间反复切换比例，建立创作构思与图面表现之间的桥梁，是大物体缩小比例写生的课程设置意义。

5.2 小物体放大比例的写生

5.2.1 教学目的

小物体放大比例的写生锻炼学生两个方面的能力：一方面是画面表现能力，另一方面是材质成比例放大后视觉感受的想象能力。本节设置的素描写生练习是选择一个小于手掌的物品为刻画对象，绘画的纸张载体是写生对象按百倍比例放大的画纸，我们选择二开的素描纸。

绘画与建筑设计都属于视觉艺术，视觉表现因素越丰富，艺术感染力就越强。在一般的素描写生作品中，受画幅和观察距离所限，写生对象在画面里常常比实际的体量小，画面细节也普遍少于观察到的细节。在小物体放大比例写生的练习中，在大画幅里取景构图的环节需要把写生对象放大，表现形体的环节需要把观察到的细节完全铺陈到画面中。这是一个锻炼写生观察能力和画面表现能力的过程。

关于材质成比例放大后视觉感受的想象能力，我们可以在视觉比例变化的范畴里做一个关于空间体量想象的实验。普通门钥匙的材质是金属类，尺寸小于掌心，视觉感受是精巧的、坚硬的，齿间变化不规则，联想其用途会有些许神秘感。试着想象将这把钥匙成比例放大，高度为100米，体积、厚度也成比例增大，将会产生怎样的视觉效果呢？100米是城市中常见的30层高层建筑的一般高度。体量变得巨大、细节变得简单、质感上冰冷而沉重……比例的改变使物体的视觉冲击力、细节构成前后有了天壤之别。

通过小物体放大比例写生的教学，可强化学生对于比例差异的思考与理解，强化对于细节观察、表现能力的发掘，全面提升学生的视觉表现能力和空间想象能力，如图5-3、图5-4所示。

图5-3　小物体放大比例写生(88×60cm，孙雪)

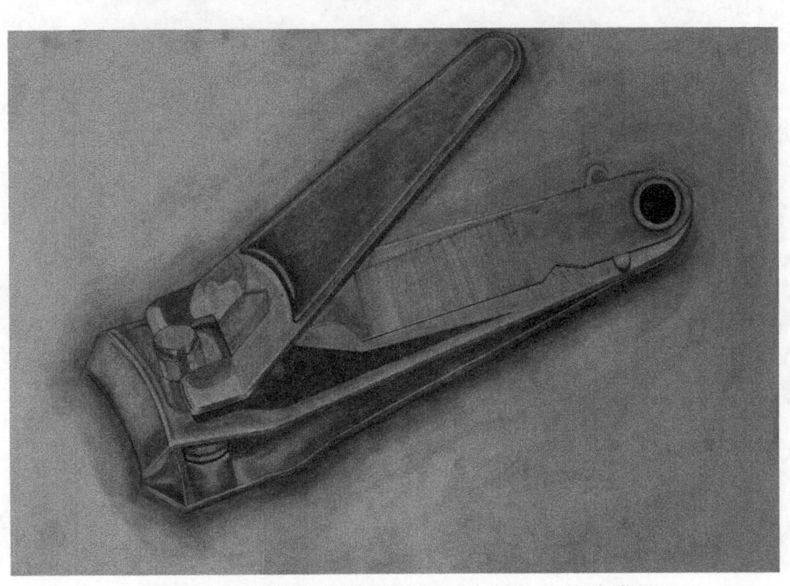

图5-4　小物体放大比例写生(76×54cm，宋海燕)

5.2.2 写生要点

从画面写生环节来讲，小物体放大比例的写生对于习画者的观察能力和表现能力的提高是有积极意义的。

由于绘画的纸张远远大于写生对象，所以要求画面上表现的物体是成比例放大的，这个放大包括两个方面：一是在造型上，所有的表现物体形象特征的内轮廓线和外轮廓线都要放大表现出来；二是在形体塑造上，写生对象上所能观察到的细节对于画面的填充量来说是不够的，这样就要求画者在作画环节的每一步都对写生对象呈现的细节进行充分理解，并在此基础上，进行拓展性质的补充。

小物体放大比例的写生对于体积的理解与表现大有益处。画面描绘不仅放大了写生对象的形象与细节，它的体积及其所占空间也是放大的。写生的时候要考虑形体本身前后左右的空间位置以及与观察者的空间关系。

小物体放大比例的写生能够强化协调整个画面的能力。写生的一般规律是往复兼顾地观察，表现局部与整体。画面的具体描绘往往是从局部开始下笔的，看每一个局部，是看不到变化的，因为没有整体比较，这时候就需要把单个局部放到整体的画面关系中观察、比较、调整，才会使最终的画面有节奏变化、主次关系、体积空间。如果要放大画面的比例，我们就要放大调整画面因素的范围，如图5-5、图5-6所示。

图5-5　小物体放大比例写生(88×58cm，巴雅力格)

图5-6 小物体放大比例写生(75×53cm，石褒曼)

5.2.3 对建筑设计的影响

小物体放大比例的写生对于材质空间想象力的形成有很强的推动作用。建筑设计效果图中的各类材质，受画幅所限，面积较小，无法再现其在真实空间的环境影响力。小物体放大比例写生的过程是体验材质体积大小不同所造成的视觉感受差异的过程，如图5-7、图5-8、图5-9所示。

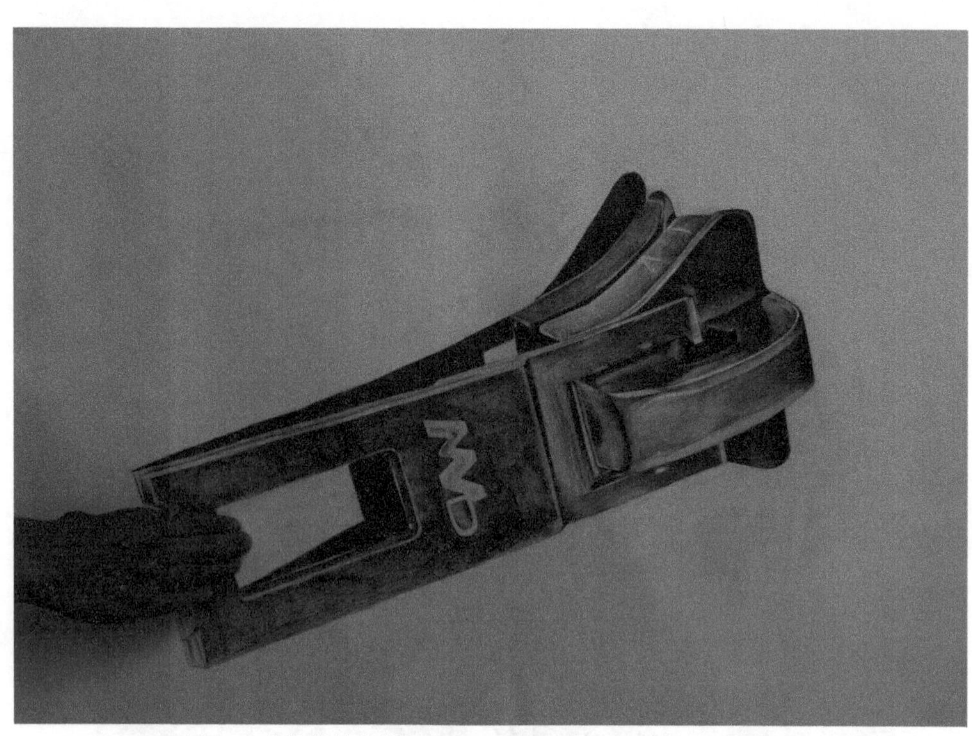

图5-7　小物体放大比例写生——拉锁头(85×65cm，杨瑷鸿)

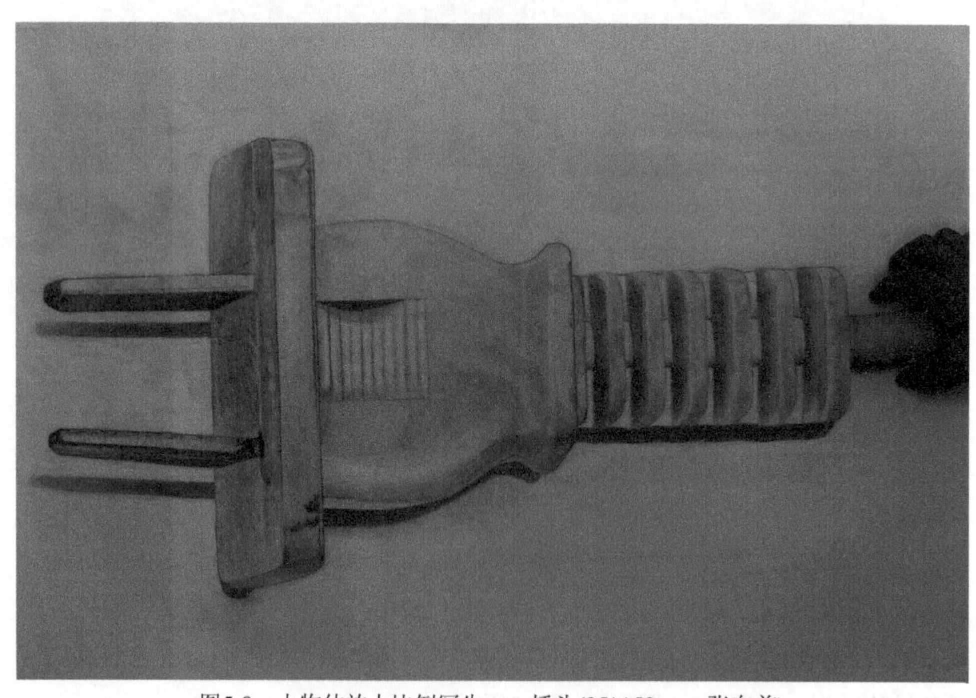

图5-8　小物体放大比例写生——插头(85×58cm，张向前)

图5-9 小物体放大比例写生——钥匙(85×62cm，杨华斌)

建筑设计过程中的思维，在很大程度上是比例逆向思维的不断转换。建筑设计是在大的空间环境中创想大体量的构成，反过来需要以视觉形象表现在成百倍、千倍缩小的纸媒上。建筑作品的精彩，不在缩小比例的图纸上，也不在创作理念的阐述上，而是在比例逆向思维的反复推敲中衍生的实际空间环境里。

大物体缩小比例和小物体放大比例的写生在视觉层面上是画面细节的增减，本质上是在图面与实际建筑体量之间“比例”往复转换的思考。

第6章
建筑外部空间写生

空间对于建筑师是重要的设计元素，建筑设计在空间中思考、构建，最终以建筑内部空间环境结合外部空间氛围来表现设计理念。对于建筑学专业的学生来说，建筑空间写生是十分重要的课题，它不仅是一种专项题材的技法练习，更重要的是训练学生的感受和思维。建筑外部空间的素描写生可以启发学生对大自然的观察与感受，引导学生对建筑的思考与理解，提高建筑设计的艺术表现力。

素描写生课程中对于空间着重讲的是视觉空间，而非数字比例意义上的空间。在画室里的写生对象，都是相对较小的物体，表现的体积与空间也是有限的。在掌握了画面构建的各个环节及基本因素之后，我们将开始以建筑、景观为题材的户外素描写生。建筑外部空间写生可以更好地强化学生对于空间尺度的体验与表现，可以更顺利地过渡到建筑效果图的绘制。

本章涵盖建筑写生与景观写生两个部分，属于场景写生的类别。场景写生在画面内容的取材上有一定的范围，又没有明确的限制。在主题确定的情况下，可以有环境上的取与舍，有角度上的选择，而这个选择是个性化的，出发点就是个人的审美情趣和艺术修养。在选择的过程中，我们可以在不同角度、不同环境范围的情境下选择一个适合表达自己感受的画面。

建筑按层数分类，1～3层为低层建筑；4～6层为多层建筑；7～9层为中高层建筑，又称为小高层建筑；10层到100米的建筑称为高层建筑；100米以上的建筑为超高层建筑。在我们生活的城市里，除了超高层建筑，以上分类中的其他建筑都很常见。本章的写生题材就选择了比较典型的低层建筑与高层建筑。

6.1　低层建筑写生

低层建筑体量适中、空间可控。我们选择作为写生对象的低层建筑一般层高在10米以下，建筑面积在1 000平方米左右。在校园中通常选择食堂、印刷厂、大学生活动中心等多层建筑为写生对象。这样的建筑在画面透视关系中一般只有两个消点，不存在向上消失的天点，造型因素相对简单。受建筑面积所限，建筑构件与细节都相对较少，对于建筑学专业低年级学生难易程度适中。

在整体教学计划中，低层建筑素描写生安排在建筑设计课之前，后期建筑设计课程中的别墅设计、幼儿园设计都属于低层建筑的体量范畴。低层建筑的素描写生对于相关建筑的空间表现有直观的促进作用，对于设计方案的空间体验与表达有积极的影响。

6.1.1 户外写生要点

户外写生相对室内写生有很多可变因素，比如游走的光线、变化的风向风力、阴晴不定的天气情况、可移动的写生对象等，在素描写生过程中，我们面对这些情况要做出应对的措施，来保障画面的顺利完成。

首先，在素描写生过程中写生对象的光线条件要相对固定。同一幅画的作画时间要选择上午或者下午固定的时间段，每天在具备固定光线条件的时间段来刻画线条光影的变化，这样可以保证画面的明暗关系相对稳定。其他时间可以用来调整解决造型方面的问题。

其次，在写生的画面中要留住可移动的写生对象。这里所说的“留住”，是指用画笔刻画在纸上。暂时停留的人、小汽车等建筑景观的参照物，可以在画面构建起来后，首先一次到位、完整地刻画这些细节，然后考虑画面中不能移动的建筑、树木等物体。避免在作画过程中整体刻画、半路画面因素消失的情况发生。有条件的话可以借助摄影器材，留下图片做参考。

最后，画面意境的季节性是需要充分表现的。这一点对于建筑设计很有意义，因为建筑是地域性存在的，不同的地域有不同的季节气候特点。建筑及景观的设计是受地域的季节特点影响的。比如，终年日照充足、气温偏高的地区和四季分明、气候寒冷的地区在建筑结构设计和景观植被布置上会有明显的不同。另外，建筑效果图也要选取有季节特点的场景来烘托建筑，季节面貌的理解与表现对于建筑学专业是很重要的，如图6-1所示。

6.1.2 画面构成

低层建筑素描写生的主要画面构成因素包括取景构图和黑白灰关系两部分。

构图，是一个形式问题，是在绘画时根据题材和主题思想的要求，把要表现的形象适当地组织起来，构成一个协调完整画面的过程。构图是画面构成的基础，构图在样式上分为横构图、竖构图，也有特殊的扇形构图、圆形构图、斜构图等多种几何形构图。选择构图形式要以符合主题的表达为出发点，不要以求新求怪为选择构图的目的。一般情况下，对于低层建筑多选择视觉感受平稳的横构图。在构图开始落实在画面上的阶段，首先要确定地平线的位置，这样不仅使表现景物的透视关系有了依据，而且可以确定表达作画的最初基线。

户外写生中的取景实质上是筛选画什么、不画什么的过程，包括所画物体在画面中位置的安排。以建筑为题材的写生，一般都以完整的建筑体量作为画面主体，建筑占画面靠近中心的位置，占据画面中的面积也比较大。根据环境及画面主体的需要，会选取适当的植物景观，使观者一眼看去便明白画面要传达的主题和意境。

图6-1　南院食堂(52×38cm，塔拉)

画面构成还包括画面整体的黑白灰关系。建筑题材的户外写生画面中包括天、地、物三大部分，在画面色调构成上与黑、白、灰三大块色调相呼应。根据光线的不同，黑白灰与天地物的关系是互相转换的。例如，建筑外立面色彩是浅灰色、地面是深色柏油路的写生场景中，在阴天的光线条件下，天、地、物的对应关系是黑、白、灰；在晴朗的光线条件下，天、地、物的对应关系是白、灰、黑。在构图这一环节，就要规划好画面的黑白灰大色调，依据不同的光线、建筑物及景观的固有色、环境色彩，要宏观地观察，灵活而整体地确定画面黑白灰色块的构成关系。在后续的作画过程中，画面上所有小的细节都是在既定的黑白灰色调里变化的。

6.1.3　透视关系

透视关系无论是在素描写生中，还是在建筑效果图中都是构建画面的基础。一切景物不论大小都以高、宽、深三度空间存在，画面的景深都在向不同的深度倾斜，这就必然存在由于不同的透视缩减而产生的变形，即近大远小。这种透视缩减不仅是体积的，还包括立体感中的明度强弱和色调变化，即近实远虚。

常规的低层建筑写生透视关系，一般情况下是两个透视消点，分别从视平线延伸到画面外的左侧和右侧。画面中所有的造型因素都要遵循消点的走势和方向，这样才能建立真实合理的空间场景，如图6-2所示。

图6-2　印刷厂(52×38cm，孙雪)

6.2　高层建筑写生

6.2.1　写生要点

透视关系是高层建筑写生的关键。10层到100米的建筑称为高层建筑。由于视点与建筑高度相差比较大，在常规的写生范围内都属于仰视视角。在高层建筑写生的画面里，一般存在三个方向的透视消点，即画面外左侧的消点、画面外右侧的消点、向上天际方向的消点。

高层建筑写生的画面中一定要有参照物，对比之下才能更清晰地表达建筑的体量概念。日常生活中人、小汽车、植物等都是最为常见的、有尺度概念的事物，需要出现在画面中，这样在直观的画面关系对比中就能表现出建筑物确切的高度与体积。

对高层建筑写生画面的细节刻画一定要充分。由于建筑是体块庞大的物体，涵盖的建筑构件数量较多，在自然光线条件下色调变化很丰富，如果画面表现不足够细腻，就无法表现出大尺度的、充实的空间环境。这就要求在作画过程中对于细节的刻画一定要足够，建筑结构交代清晰、色调明朗，高层建筑的大体量视觉感受才能较好地呈现出来，如图6-3所示。

图6-3　综合楼写生(52×38cm，塔拉)

6.2.2　取景构图

在取景环节中，建筑立面的选择是建筑本身表现力再现的关键。由于高层建筑的体量庞大，画面中的立面选择最好为两个，这样在建筑体量上会有一定的稳定感，不会有单一立面单薄的视觉感受。高层建筑一般有一到两个立面会比较简洁，这样的立面不足以表达建筑本身的艺术风格，所以取景时，画面中主要的立面尽量选取构造细节丰富、表现力较强的。

高层建筑写生取景的光线条件的选择是很重要的。在光源的选择上最好避免逆光的角度。逆光的建筑，特别是大体量的高层建筑，在画面中会显得闷，小的结构也会由于缺乏光影而显得简单。顺光和侧光的角度使得建筑立面上有足够的色阶变化，可以较好地刻画建筑细节。

高层建筑的构图如果没有特殊需要，通常选择竖构图，纵向的空间流向能够比较充分地迎合高层建筑的走向，增强建筑向上的空间走势。另外，在画面的构成上，高层建筑所占画面不要过满，如果占画面空间太多，会有较近的距离感，这不符合人与全景高层建筑的一般视觉关系。

6.2.3 质感表现

高层建筑立面材料的质感表现是设计的重点之一。良好的质感应用可以完善建筑本体的个性特点，提升建筑的艺术表现力与感染力。有的建筑局部材料单独刻画，就能够充分地表达其质感，例如，花岗岩、水磨石；有的建筑局部的质感则需要借助环境，运用多种因素的环境构成关系来表达，例如，玻璃、不锈钢。

如果说低层建筑画面的生活情境更生动，那么高层建筑画面的亮点则是材料质感。高层建筑的造价一般都比较高，建筑的外观都较为时尚现代，所以其建筑材料大都概念领先，配套景观设计考究，相关的施工工艺能够更好地符合建筑体量的现代感和科技感。从材料质感的角度来说，高层建筑无论是室内空间还是室外环境，都是素描写生的上佳题材。

6.3 景观写生

景观设计与建筑设计密不可分，共同构成人类生活的空间环境。在设计过程中，建筑与相关的景观通常会形成统一的艺术风格。

以建筑及景观为题材的素描写生是锻炼绘画表现能力的过程，也是深入体会已有设计作品的设计因素的过程。建筑及景观的设计本身就是有节奏、有主次关系的，选择的设计因素也是与主题相吻合的。因此，通过画面把建筑及相关景观再现出来，是强化这种主次关系、学习设计语言的最直观的方式。

本节主要讲解以植物为主的景观写生的相关知识点，把景观与建筑剥离，独立地作为素描写生的表现题材，旨在深入地研究景观表现的方式与技法。

6.3.1 景观的概念

景观泛指自然景色、景象，是指某地区或某种类型的自然景色，以及人工创造的景色及森林景观。建筑景观主要是除房屋建筑以外的供观赏休憩的各种构筑物，如花架、葡萄架、亭子、走廊、门楼、平台、假山水池、喷泉水景、草坪、树木、甬路、木地板、栅栏等。

古今中外，少有孤立存在的经典建筑，任何建筑都有一定的植物、雕塑、装置等与之相映共存，协同表达设计理念。近些年，建筑景观一体化的概念体系萌出，强调在设计中建筑与相关景观的主题一致性，构成因素的相关性，如图6-4所示。

图6-4 校园广场一角(52×38cm，周雨曦)

景观与建筑的关系是相互映衬、和谐共生的，为表达一个明确的创作意图而共同存在的。因此，景观的塑造与表达是十分重要的。当然，每个人对于建筑及相关的景观都有不同的感受，景观本身也有其地域性、季节性的特点，涵盖人文与历史的传承，这就需要我们在素描写生中根据个人的理解，从主题出发进行合理的取舍。

6.3.2 取景与构图

景观写生取景的首要原则就是个人审美偏好。在植物、座椅、雕塑等表现因素众多的休闲广场中要选取自己喜欢的一个局部场景来表达。户外写生条件相对室内要艰苦，景观写生充满了复杂的画面因素，比如光线的变化、植物本身的生长变化、多样的植物生物属性等。如果缺乏对于所选题材的偏好，就无法在素描写生中深入刻画与详尽研究。

景观素描写生的画面构图中，所选取的刻画对象要有明确的主次关系、清晰的空间层次，否则画面容易凌乱，缺少秩序感、影响表现力。简单地说，就是画面中要明确主要表现的景物，使其占据画面中较大的面积，其他配景要有渐次的关系、渐远的空间层次。

景观写生的构图自由多元。由于景观在不同角度、不同时间段都会呈现不同的面貌，表达出的意境也有所不同，所以相应的构图方式多种多样。在构图之初可以借助小稿的形式多尝试构图的形状、取景的范围，来选择合乎表现意图的画面来进行写生，如图6-5所示。

6.3.3 分析与表现

景观写生中会涉及许多我们并不熟悉的表现因素，如不同的灌木、树木，不同的亭台楼榭。写生表现景观意境的基础就是了解景观中各种表现因素的材质、结构、用途。例如，凉亭，我们要区分是单纯建筑风格的凉亭，还是与攀爬类植物结合的纯景观类凉亭，还要分析其所属年代、艺术风格流派。再比如，我们要了解景观中各种植物的生长规律、性质结构，区分是树木还是灌木，是常青还是落叶等。深入的了解将有助于画面透彻的表现，也可以为将来的建筑景观设计积累表现因素。

寻找贴合刻画对象本身质感、生长纹理的画面语言进行深入塑造是景观写生的关键。贴切的语言能更好地表现写生对象。如图6-6中的槐树，树冠的构成就是叶片的形态，不同角度的叶片、不同程度的叠加形成光线下的体积感，也形成疏密有致的自然状态。

图6-5　景观写生(48×39cm，符常明)

图6-6　景观写生(50×39cm，蔡婧玥)

第7章
素描语言的拓展

建筑学素描课程的学习旨在提升学生两个方面的能力：一是锻炼视觉语言的图面表现能力；二是培养一定的审美能力。

在第1章的素描概念中，我们了解到在广义范畴内素描语言的多样性。在多样的素描表现语言的广义概念里，包括与建筑设计表现相关的马克笔、水彩、水粉等绘画语言。本章将从素描铅笔写生过渡到多元的单色画种写生。

建筑学专业涉及的绘画语言有马克笔和水彩。两种绘画语言性质不同，在绘画技法上有各自的技法特点。

7.1 马克笔

马克笔源自国外，名字直译是Mark，即记号笔的意思，它的特点是归纳了丰富的颜色、提炼了细腻的笔触，以线条排列与块面组合的方式来表现形体。马克笔的基本结构包括尼龙纤维笔头和内带的彩色墨水囊。墨水分为油性和水性两种。油性马克笔的色块色彩鲜明、饱和度高。水性马克笔的色块透明，可以与水彩、水粉等水性材料结合。

7.1.1 马克笔单色写生

如果说素描是行文细腻的记叙文，那么马克笔就是语言精练的简讯。马克笔的黑白表现一方面能够使素描写生与建筑设计表现有机结合起来，另一方面能够熟悉设计中常用的马克笔的语言性质特点。

关于马克笔写生训练中采用的主要工具材料，我们选择由黑至灰不同明暗变化的六七支马克笔，相关绘画材料还有针管笔、铅笔、橡皮、白纸或硫酸纸。马克笔选择的绘画题材有两类：前一阶段是写生表现的建筑，后一阶段是同一时段建筑设计课程的效果图，如图7-1、图7-2所示。

下文将介绍使用马克笔进行建筑题材写生的作画步骤。

首先，在取景构图方面，与一般铅笔素描写生一样，需要初步确定构图方式、画面主体和相关画面因素。

接下来，在起稿找形阶段，要确定建筑及景观的形体位置关系、空间透视关系。这一步不需要太详细的细节定位刻画，因为之后有线稿、马克笔塑造画面的环节承接。

图7-1 宾馆泳池(52×38cm，董彩虹)

图7-2 立面效果图(52×34cm，郭萧)

在明确形体阶段，我们的绘画工具由铅笔转换为针管笔。依据铅笔稿的痕迹，针管笔画的黑色线稿要落笔肯定，线条干净、直挺、细致、丰富。线的变化主要依靠线条的粗细、疏密来表现，鉴于针管笔的细致刻画能力，建筑和景观在结构上的来龙去脉要交代得详尽细腻。

在表现形体阶段，我们的绘画工具转换为马克笔。如果说针管笔勾画的黑色线稿是画面的筋骨，那么马克笔的表现语言则是画面的血肉，体现画面的语言风格，表现建筑和景观的气势与环境氛围。落笔之前要依据画面的黑白灰关系在头脑中给画面局部排序，然后运用马克笔的黑白灰色差与之相对应地落实下来。在刻画具体形体的过程中，要用马克笔宽笔排线的语言方式表现明暗体块关系。

7.1.2　马克笔绘制建筑效果图

从素描基础训练过渡到马克笔单色写生，最终目的是自如地运用马克笔绘制建筑设计效果图。在这个阶段，建筑美术的素描课程完成从写生到表现的完整过程。绘画的题材是当前建筑设计课设计题目的效果图表现，一般这个阶段是小别墅或幼儿园的设计，属于多层建筑，如图7-3、图7-4所示。

马克笔绘制效果图的作画步骤如下：

首先，建筑效果图是建立在平面图、立面图、剖面图的基础之上的，效果图中表现的建筑要与平面、立面、剖面图纸的表达相吻合。效果图要选取对于基地和建筑有典型代表意义的角度来表现。效果图绘制从取景构图出发，定位画面中地平线的位置，确定建筑的体量，选择相关的植被景观等。

图7-3　马克笔效果图(36×23cm，孙凌潇)

图7-4　马克笔效果图(36×25cm，兰雅倩)

其次，在起稿找形的环节，要借助铅笔绘制建筑立面的形象、建筑结构的细节，同时要明确效果图中建筑的朝向、光线及景观的季节属性，由此来定位画面的整体色调及建筑的明暗关系。

再次，在明确形体这一步骤中所呈现的是针管笔的黑白线稿。在这个阶段要详尽地表现形体的转折关系、结构层次，并且勾画出各个物体的材料质感，以线条的粗细和疏密变化来表现明暗关系。

最后，是表现形体阶段。运用马克笔的宽笔笔触塑造画面要有清晰的表现思路，受光部分的色调与背光部分的色调应明确区分开；要运用灰度色阶的马克笔语言来详细地填充线稿勾画的形体，尽可能表现建筑结构关系和材料质感。

7.2　水彩

水彩画源自17世纪的英国，最初多用于绘制地图。文艺复兴时期，德国画家丢勒作为水彩画的先驱，开创了水彩的独立语言；19世纪，英国的柯特曼、透纳冲破了线与淡彩的束缚，成为水彩画发展史上的转折点；18世纪初，水彩画传入中国，逐渐融入中华民族本土文化，日益普及并发展壮大，不仅在美术学院有专门的水彩画专业，越来越多的师范院校和建筑专业也将水彩画列为必修课。我们在拓展单色绘画表现语言的时候把水彩单色语言囊括进来，既可以作为素描语言的研究，也可以作为与下一学年色彩课程的衔接。

7.2.1 水彩单色写生

水彩画由于颜料透明、无覆盖能力的特点，需要先在画纸上起铅笔稿，以铅笔线条为界限来确定写生对象的形象特征、明暗关系以及大的色彩变化，如图7-5所示。

水彩画单色写生可以选用黑色水彩颜料为基础颜色，加入不同量的水调和不同程度的灰色调，表现画面的素描关系；也可以选择写生对象呈现的主色调作为基础颜色，加入不同量的水调和颜料来提高色彩明度，加入不同量的黑色颜料来降低色彩明度，这里的水彩单色写生不涉及色彩纯度的变化。

水彩单色写生的深入刻画阶段主要是水彩语言特点的画面表现。水彩画是以水为媒介，调和透明水彩颜料进行艺术表现的绘画种类。透明、流畅是水彩画的画种特质。水彩画的作画方法并没有固定不变的程式，由于画家的经验、风格、习惯的不同，作画方法也不一样，在画法上有干、湿两种大的区分。干画法边界可以整齐，用以表现利落、干脆、坚硬的效果；湿画法衔接自然融合，宜于表现朦胧柔和的效果。运用水彩画面语言的特质取代铅笔调子，来塑造写生对象的形体空间、材料质感和画面关系。

图7-5　山地建筑水彩写生(50×26cm，孙佳一)

7.2.2 水彩绘制建筑效果图

水彩绘制是建筑效果图比较常见的表现方式之一。水彩可以独立构建画面，或是严谨细致的干画法，或是洋洋洒洒的湿画法，依据画面需要水性语言本身有很强的表现力。

水彩可以结合铅笔调子画出铅笔淡彩的效果。水彩结合铅笔作画，以铅笔造型，用调子塑造体积空间，用水彩来表现物体颜色及画面整体色调氛围。如果把铅笔换成水溶彩色铅笔作画，可以在水彩上色阶段根据画面质感需要保留部分铅笔笔触、溶解部分笔触。

水彩也可以与针管笔、速写钢笔结合，从形体结构和色调氛围两个方面构建画面，如图7-6所示。墨线擅长清晰、明确地勾画形体特征和结构转折衔接，水彩在后续概括地渲染色调。

水彩还可以与水性马克笔结合，以块状笔触与水样自然肌理结合构成独特的画面效果。

图7-6　钢笔淡彩(52×22cm，杨帆)

后 记

本书收录的素描写生作品均是2002—2016十五年间学生课堂作业中的精选作品，在一定意义上展现了我校建筑学专业学生素描基础课的水平。几十张作品是积累，也是收获，算是对过去的总结，也可以看作对未来的期许。15年是15届学生教学周期的更迭，一段漫长岁月的节点，15年也是一个新的开始。

回望十几年的教学生涯，通过思考、学习以及教学过程的总结，我从美术学院绘画专业的硕士毕业生成长为粗通设计知识的建筑学专业基础课教师，并几度被评为校教学质量A级教师。

书稿收笔的日子适逢2011级学生的毕业季，从右边到左边，学士帽穗被轻轻地拨动，然后，你们就毕业了。周末画室里孜孜不倦的身影，设计教室里点灯熬油绘制而成的图纸，还有翻来覆去背诵的建筑史……一切已是过去，新的人生在前方。

谨以此书纪念收藏在建筑学院里的每位毕业生的青春，默默地祝福你们有更广阔的未来！

参考文献

[1] 李福来. 美术之路——素描[M]. 沈阳：辽宁美术出版社，1989.

[2] 周家柱. 建筑素描技法[M]. 广州：华南理工大学出版社，2002.

[3] 保罗·拉索. 图解思考——建筑表现技法[M]. 邱贤丰，刘宇光，郭建青，译. 北京：中国建筑工业出版社，2002.

[4] 李荣伟，刘沛. 设计素描[M]. 北京：清华大学出版社，2007.

[5] 周若兰，王克良. 素描[M]. 北京：中国建筑工业出版社，1997.

[6] 张英超. 新素描表现实技[M]. 沈阳：辽宁美术出版社，1994.

[7] 许祥华. 建筑宽笔表现[M]. 上海：同济大学出版社，2006.

[8] 邬春妮. 环境艺术设计应试指南[M]. 杭州：浙江人民美术出版社，2002.